煤矿全员安全素质提升系列丛书

煤矿常见“三违”行为危害分析与防治

全国煤矿安全培训教材建设专家委员会　组织编写

魏永建　杨西栋　夏　敏　主编

中国矿业大学出版社

·徐州·

内 容 提 要

在全国煤矿生产安全事故的原因分析中，人的“三违”行为导致的事故占90%以上，其防治一直是煤矿安全管理的难点。本书不仅详细介绍了常见“三违”行为及其危害，而且给出了相应的防治措施，同时列举了大量“三违”行为导致的典型事故案例，提出了反“三违”行为的管理方法与预防对策。

为了有效减轻职工的学习负担，本书分工种组织编写，各工种职工只需要花少量时间就可以快速、准确地了解公共“三违”行为及本工种“三违”行为的危害及防治措施。书中还穿插了一定数量的安全漫画，通过幽默、滑稽、震撼的画面，让职工更直观地受到警示和教育。

本书可供煤矿职工安全培训使用，也可供煤矿安全管理、技术人员阅读参考。

图书在版编目(CIP)数据

煤矿常见“三违”行为危害分析与防治 / 魏永建，杨西栋，夏敏主编. —徐州 ：中国矿业大学出版社，2023.5（2023.7重印）

ISBN 978-7-5646-5830-4

Ⅰ. ①煤… Ⅱ. ①魏… ②杨… ③夏… Ⅲ. ①煤矿—矿山安全—基本知识 Ⅳ. ①TD7

中国国家版本馆CIP数据核字(2023)第087510号

书　　名　煤矿常见“三违”行为危害分析与防治
　　　　　MEIKUANG CHANGJIAN “SANWEI” XINGWEI WEIHAI FENXI YU FANGZHI
主　　编　魏永建　杨西栋　夏　敏
责任编辑　史凤萍　吴学兵
出版发行　中国矿业大学出版社有限责任公司
　　　　　（江苏省徐州市解放南路　邮编221008）
营销热线　(0516)83885370　83884103
出版服务　(0516)83885312　83884920
网　　址　http://www.cumtp.com　E-mail:cumtpvip@cumtp.com
印　　刷　苏州市古得堡数码印刷有限公司
开　　本　880 mm×1240 mm　1/32　印张 7.375　字数 219 千字
版次印次　2023年5月第1版　2023年7月第2次印刷
定　　价　29.00元

《煤矿常见“三违”行为危害分析与防治》
编 委 会

主　　编　魏永建　杨西栋　夏　敏

副 主 编　黄学志　郑　昀　尹　鹏　刘　欢　宗　君

参编人员　（按姓氏拼音排序）

陈顺国　郭坤鹏　韩　华　韩　璐　蒋　慧
李　涛　李艳艳　李昭亭　刘学功　卢　杰
彭　丽　秦立宁　任　勇　时民生　孙　鹏
谭　琳　谭俊杰　汤欢欢　王　颖　王丙成
魏景利　翁海龙　袁国阳　翟　斐　张　影
周志友

绘　　画　王丙成

序

中国矿业大学出版社拟出版的《煤矿常见“三违”行为危害分析与防治》,对安全培训工作及煤矿安全生产工作有重要的指导作用。管控好“三违”行为,对煤矿安全生产意义重大,不容小觑。展读该书稿,对煤矿常见“三违”行为危害分析与防治编写思路和编写内容,以及在安全生产教育和培训工作中的重要作用有了更为深入的了解。

全国大多数煤矿是井下作业,地质条件复杂,工作环境特殊,各类事故时有发生。因此,我们必须认真贯彻落实习近平总书记关于安全生产的重要批示、指示精神,强化安全生产管理工作,严格落实“三管三必须”的法律要求和主体责任,使煤矿企业从业人员在生产过程中遵章指挥、遵章作业、遵守劳动纪律,切实做到安全教育培训到位、安全生产风险分级管控到位、隐患排查治理到位、责任体系完善落实到位。

在生产安全工作中,不少同志一提起违章指挥、违章作业、违反劳动纪律等“三违”行为,以及由此引起的伤亡事故,也是谴责有加、痛恨不已,却往往忽视了培训教育不到位、力度不够、流于形式等原因,很多从业人员甚至连哪些行为属于“三违”行为都没有完全搞清楚,就糊里糊涂地走上了“三违”之路,一失足成千古恨,更有甚者命丧黄泉,众亲哀伤。根据事故致因理论,事故发生主要由物的不安全状态、人的不安全行为和管理缺失所造成。分析众多事故的原因,90%以上的事故是由于从业人员“三违”行为引起的。克服侥幸心理,矫正人的不安全行为,应从系统治理的整体性和要素之间的嵌合影响、相互作用原理来认知和考量。严刑峻法固然苛刻,但也是以人为本的必然要求。隐患入罪,由结果犯向行为犯转变是法治惩戒危险行为的必然。

最新修订的《中华人民共和国刑法》第一百三十四条中规定:“强令他人违章冒险作业,或者明知存在重大事故隐患而不排除,仍冒险组织作业,因而发生重大伤亡事故或者造成其他严重后果的,处五年以下有期徒刑或者拘役;情节特别恶劣的,处五年以上有期徒刑。”这一规定对整治、规范全国煤矿安全生产有着重要的现实意义。《煤矿常见“三违”行为危害分析与防治》一书的出版,不仅对治理某些沉疴顽疾开出了猛药良方,而且增强了煤矿安全培训教材方阵的力量。该培训教材介绍了煤矿“三违”行为的定义、危害、表现形式、产生的原因,进行了易发生“三违”行为的因素分析及易发生“三违”行为的人员分析,概述了煤矿常见“三违”行为危害与防治;列举了煤矿常见“三违”行为的表现及导致的典型事故案例,提出了反“三违”行为管理方法与预防对策。书中穿插一定数量的安全漫画,通过幽默、滑稽、震撼的画面,让广大煤矿职工接受生动、直观的教育,从而对什么是“三违”行为、如何治理“三违”行为等有一个明确的认知,增强现场应急处置的意识和能力,也增强关注安全、关爱生命的责任感,提高遵章指挥、遵章作业、遵守劳动纪律的自觉性和主动性。

该培训教材，是众多煤矿企业多年总结积累的实践经验与教训的结晶，具有很好的针对性、可操作性和实用性。我相信，《煤矿常见“三违”行为危害分析与防治》培训教材的出版，一定会对全国煤矿安全生产形势的持续稳定好转起到一定的推动作用，也一定会强化煤矿从业人员自警自省，从内心杜绝“三违”不良行为，迎来全国煤矿安全生产形势稳定的新局面。

李学同

2023 年 4 月 20 日于郑州

前 言

我国绝大多数煤矿是井下作业，地质条件复杂，工作环境特殊，各类事故时有发生。在全国煤矿生产安全事故的原因分析中，人的“三违”行为导致的事故占90%以上。因此，组织煤矿生产必须重视提高每一个职工的安全素质，积极探索职工安全心理规律，有针对性地加强煤矿安全管理。

为此，本书用通俗易懂的口语化文字解读常见“三违”行为所带来的危害，并就如何防治加以阐述，有针对性地列举类似的事故案例，旨在让职工从正面理解不允许怎么样、应该怎么样的道理，用血的教训警示职工千万不可违章，一定要遵章作业，珍爱生命。让职工明白“违章不一定出事故，出事故必是违章”的硬道理。也就是说，违章是发生事故的起因，事故是违章导致的必然后果。

本书理论联系实际，深入浅出，通俗易懂，图文并茂，实用性强，系统地讲述了煤矿“三违”行为定义、危害及表现形式、产生的原因、易发生“三违”行为的因素分析及易发生“三违”行为的人员分析；详细分析了煤矿常见“三违”行为危害与防治；列举了煤矿常见“三违”行为的表现形式和由其导致的典型事故案例；提出了反“三违”行为管理方法与预防对策。书中还穿插了一定数量的安全漫画，通过幽默、滑稽、震撼的画面，让职工更加直观地受到警示和教育。

此外，本书有一个鲜明特色，即每一章由河南省工业和信息化厅煤炭发展服务处李学同分别题诗一首，精炼概述本章的主要内容。诗文阅读趣味强，动情晓理切，形象解读了“三违”危害和治理的必要性及实用性。

本书可供煤矿职工安全培训使用，也可供煤矿安全管理、技术人员阅读参考。

本书相关内容是从煤矿实践中总结而来的，限于作者水平，书中不足之处在所难免，恳请读者批评指正！

编　者

2023年3月

目　录

第一章

“三违”行为概述

“三违”行为入罪律，
生产安全责第一。
强令违冒作业罪，
未出事故入囹圄。
隐患入刑祭重典，
违章冒险不可期。
危险作业罪名多，
法条规程应牢记。

煤矿属于高危行业，且我国大多数煤矿是井工开采，井下作业条件复杂，易受水、火、瓦斯、顶板、煤尘等自然灾害影响，安全管理难度较大，煤矿安全事故频发。究其原因，既有物（投入不足）的原因，更有人的因素（安全意识、安全管理等）。煤矿“三违”（违章指挥、违章作业、违反劳动纪律）行为引发的事故是相当严重的，据统计，90%以上的煤矿事故均是由“三违”行为造成的。故此，分析“三违”行为的产生原因与危害，探求“三违”行为的防治措施，矫正人的不安全行为，是遏制各类事故发生、实现安全生产的重要途径。

第一节 “三违”行为的定义、危害及表现形式

一、“三违”行为的定义

“三违”行为是指违章指挥、违章作业、违反劳动纪律的行为的简称。“三违”行为极易导致事故发生，而事故带来的影响是深远的，损失是难以估量的，会对个人、家庭、企业、社会带来巨大的伤痛和损失。因此，要保障个人的安全健康和家庭的幸福、要保障企业的长治久安和社会的和谐稳定，就要控制各类事故的发生，而控制事故发生的关键就是要杜绝“三违”行为。

(1) 违章指挥，是指生产经营单位的生产经营管理人员违反国家的安全生产方针、政策、法律、条例、规程、标准、制度及生产经营单位的规章制度和技术方案的指挥生产的行为。

(2) 违章作业，是指在劳动生产过程中违反国家法律法规和生产经营单位制定的各项规章制度（包括工艺技术、生产操作、劳动保护、安全管理等方面的规程、规则、章程、条例、办法和制度等，以及有关安全生产的通知、决定）的行为。

(3) 违反劳动纪律，是指在劳动生产过程中，违反为维护生产秩序而制定的要求每个职工遵守的劳动纪律的行为。劳动纪律是多方面的，包括组织纪律、工作纪律、技术纪律以及规章制度等。

二、“三违”行为的危害

“三违”行为可能会对自身或他人生命造成伤害，给自己、亲人、朋友带来生活上的困难和感情上的痛苦。“三违”行为已成为严重威胁职工生命安全和健康，影响企业形象和制约企业安全发展的顽症。“三违”行为实质上是一种违反安全生产客观规律的盲目行为，安全事故与“三违”行为有着直接或间接的关联。在企业职工队伍中，有些人由于综合素质较差、安全意识不强、法治观念淡薄，“三违”行为时有发生，屡禁不止，严重地威胁了煤矿企业的正常生产和职工的生命安全，甚至造成惨重的灾难，其影响极坏、危害极大。因此，对“三违”行为绝不能宽容和忽视。只有坚决与“三违”行为作斗争，才能确保煤矿企业的安全生产。

三、“三违”行为的表现形式

(1) 违章指挥的表现。不按照安全生产责任制有关本职工作规定履行职责；不按照规定对职工进行安全生产教育和培训；强令职工冒险违章作业；不按照规定审查、批准技术方案和安全技术措施；不认真执行煤矿企业发布的安全管理程序；新建、改建、扩建项目不执行“三同时”的规定，不履行审批手续；对已发现的事故隐患，不及时采取整改措施，放任自流等。

(2) 违章作业的表现。不按规定正确佩戴和使用劳动防护用品；发现设备或安全防护装置缺损，仍继续操作；对违章指挥盲目服从，不加抵制；不执行、违反作业规程或安全技术措施冒险作业；不按操作规程、流程要求操作设备；忽视安全、漠视警告，冒险进入危险区域作业等。

(3) 违反劳动纪律的表现。迟到、早退、擅离职守；工作时间干私活、办私事；上班注意力不集中、消极怠工；工作中不服从管理和分配、不听从指挥；无理取闹、纠缠领导、影响正常工作；私自动用他人工具、设备设施；不遵守本单位各项规章制度，违反工艺流程和操作规程等。

第二节 “三违”行为产生的原因分析

“三违”行为的主体是人。人的素质(安全意识、心理状态)是导致不安全行为的主要根源,环境、管理等因素是影响和滋生“三违”行为的土壤。

一、心理因素

1. 人员素质方面

(1) 生产一线职工普遍存在文化程度和安全操作技能水平较低的情况,部分职工存在有章不循、违章蛮干的现象,从而导致事故频繁发生。因此,加强职工的安全生产教育和培训,提升其安全意识和安全操作技能意义重大。

(2) 煤矿生产的复杂性、艰苦性等特点致使技术工人严重缺乏;职工学技术的积极性受到多方面因素的影响,同时大中专院校毕业生志愿到煤矿一线工作的人数逐年减少。目前,煤炭企业所需的技术工人出现“青黄不接”现象。

2. 人员行为方面

(1) 管理层面,现场管理人员存有“重生产轻安全”思想,常常出现违章指挥,强迫职工冒险作业。

(2) 操作层面,职工缺乏足够的安全生产知识,分不清遵章与违章的界限,经常发生习惯性违章。

(3) 法治观念方面,员工不能真正认识到安全生产的重要性、违章作业的危害性,图省事怕麻烦,存在侥幸心理,“安全第一”的思想树立不牢固,安全法治观念淡薄。

(4) 效益利益方面,受经济利益驱动,不能正确处理安全与生产的关系、安全与效益的关系;争时间抢进度,不严格按工艺流程、作业规程作业和不按操作规程操作,在安全与生产发生冲突时,仍以生产为主。“安全第一”在实际工作中演变为“生产第一”。

3. “三违”行为的心理表现

影响安全行为的心理因素，主要有如下几方面：

(1) 麻痹大意。麻痹就是失去安全警惕或疏忽大意，麻痹心理的形成往往与经验有直接关系。有的人由于长期从事某一作业岗位，认为操作工艺熟、作业环境熟，导致思想上麻痹，对作业中出现的安全隐患熟视无睹，或者虽然思想上引起了注意，但行动上没重视，凭经验仍以违章违规的习惯方式作业。也有的是因为单位很久没有发生事故，安全生产形势趋于稳定，一些职工就不自觉地松懈下来，把作业规程和安全技术措施抛至脑后。

(2) 习惯心理。习惯是长期逐渐养成的，并且一时不容易改变的行为。有些工人不顾井下多变的场所和条件，沿袭原有习惯工作方式，把领导的教育提醒当作耳旁风，表面上答应，领导不在场时为省事而“习惯成自然”地违章作业。也有的由于工作内容和操作方式单一重复，有的职工看惯了、干惯了，也习惯了，思想上不以为然。

(3) 蛮干心理。蛮干是指对任何事情都不在乎的一种逞能行为。有的职工不管违章不违章，一味地按照自己的方式去行事，认为按规程束手束脚，活儿就没法干了；你说你的，我做我的。也有些职工，只顾埋头干活，无视事前、事中作业场所是否有安全隐患，是否会造成事故，有的甚至发现隐患也不及时整改。

(4) 侥幸心理。有些职工几次违章作业均没出事，就盲目地认为自控能力强，对作业环境和条件变化能够把握，就图省事省力、怕麻烦、贪方便而简化作业，摒弃自认为与生产无关系的安全规定，经常抱着投机取巧、侥幸过关的心态。产生这种心理的原因：一是井下工作的时间久，作业环境熟悉，认为小违章不会出事；二是部分安监人员对“三违”行为查处不够严厉；三是利用不正之风作掩护。

(5) 厌倦心理。有的职工因长年累月在井下从事艰苦、危险的工作，工伤事故时有发生，特别是远离家乡的合同工、协议工，时常思念亲人，常产生厌烦情绪。有这种消极情绪的人，反应迟钝，工作起来无精打采、思维懒惰、注意力不集中、责任能力下降，对遵守作业规程和安全技术措施、处理不安全因素持消极态度。

(6) 唯心心理。个别职工受封建迷信思想影响,抱着“是福不是祸,是祸躲不过”的错误想法,唯心地对待安全操作规程的实施。

(7) 急躁情绪。当完不成任务、遇到恶劣的生产条件时,容易产生急躁情绪;还有的年轻人下班后要进行娱乐活动等,可能在工作中表现出急躁情绪。这种情绪,往往使人的理智受到限制,意识范围狭窄,不能正确评价行为的后果,表现为感情冲动、行为鲁莽、不听劝阻、一意孤行等。在这种情绪支配下,最容易发生违章作业、违规操作。

(8) 懒惰心理。有这种心理的人认为按程序作业麻烦,为了省事而减少工序,且抱着多一事不如少一事的态度,对隐患熟视无睹、听之任之。

(9) 无知心理。对本岗位的设备、技术、规程等知识不了解或一知半解,对作业中的安全注意事项模糊不清。常常看到别人这样干没出事,自己也这样干,盲目从众,往往做出许多荒唐愚蠢的事情。

(10) 马虎心理。有的职工在工作中一贯马马虎虎、粗枝大叶,当遇到连续或特殊作业时,注意力不能高度集中,依然我行我素,应付了事,易引发“三违”行为。

(11) 逆反心理。这表现为对某些人或某个领导的言行不满,产生抵触情绪。

(12) 慌张心理。这是探亲及休假前后容易产生的一种心理。探亲前或休假前归心似箭,表现为思想慌、干活慌,一心要快干活、快升井、快回家,遇事不沉着,急切忙乱,易慌中出错。

(13) 恐惧心理。这是指初次接触陌生事物的一种恐惧情绪,过度紧张会带来一系列的行为紊乱。

(14) 随意心理。这表现为凭兴趣决定活动内容和行为方式,一切凭兴趣、看情绪,自己想怎样干就怎样干。

(15) 悲观心理。悲观心理的产生常常是由于安全受挫折,生产被动,或在完成任务中遇到重重困难而失去信心。悲观心理往往使人信心不足、忧郁惆怅,抑制人的积极性,使人丧失战斗力。

(16) 盲目乐观心理。当安全生产取得一些成绩、受到上级表扬时,就骄傲自满、盲目乐观、放松警惕,往往就会出事故。盲目乐观心理易于导致麻痹、松懈、疏漏，只看到成绩，看不到潜伏着的险情或危险，工作粗心大意，使安全生产在一定的周期内恶性循环。

二、环境因素

（1）作业条件恶劣。由于受煤矿地质条件和煤层赋存条件等诸多因素的制约，工作环境恶劣艰苦、生产条件复杂多变，特别是不可预知的环境突变因素仍随着生产作业长期存在，职工在生理和心理上很容易产生疲倦，从而引发各种不利于安全的因素。

（2）社会环境影响。一方面，各种信息大量涌入，造成职工思想活跃，产生不稳定因素，导致职工在工作中注意力不集中或操作行为不正确；另一方面，职工对收入的期望值提高，造成心理有失落感，引发思想不稳定。此外，职工家庭发生矛盾或亲属遭遇生老病死等重大事项，也会造成职工思想情绪波动，导致安全行为上的失调。

（3）装备设施方面。装备水平上不去，有的设备长期“带病”运转或存在不健全、不完善等缺陷。

三、管理因素

（1）管理不科学。这主要体现在：煤矿企业一些干部不讲究安全管理方式方法，缺乏民主与公正，动辄罚款、训斥、高压强管；一些干部不能以身作则，违章指挥，强行要求职工违章作业，造成职工安全观念错乱；有的干部不考虑作业现场的实际情况，工作任务安排布置忽视安全，违章蛮干。这些都严重挫伤了职工参与安全管理的积极性。

（2）规程、规章制度“严不起来，落实不下去”。目前，煤矿企业安全管理的各项制度包括全员安全生产责任制、各岗位责任制、作业规程、施工措施、操作规程等，应该说是比较齐全完善的，但也存在一些煤矿贯彻落实不到位的现象。

（3）落实规程、规章制度“重形式，走过场”。各种技术规程、规章制度贯彻落实的严肃性、实效性不足，缺乏铁面孔、铁手腕、铁心肠的“三铁”精神。在查处“三违”行为方面，对违章作业、违反劳动纪律的处理及责任追究制度执行较严，而对于违章指挥的责任追究，特别是对没造成重大生产事故或伤亡事故的违章指挥的责任追究则失之于严。这是安全管理上的偏差,其原因是多方面的。从实质上分析,违章指挥要比其他两者严重得多,因为能违章指挥的都是管理人员,都有一定的权力。对于违章指挥,明目张胆的管理人员可以说没有,但隐性违章指挥的居多。隐性违章指挥主要表现在三个方面:一是对职工违章作业持默许和回避态度;二是没有给职工创造一个安全的生产作业环境;三是只关注结果,不注重过程,只对工作的最后结果关心,而对完成工作的措施、流程漠然置之。一旦隐性违章指挥发生事故,因为在实际工作中无法得到管理人员直接或硬性违章指挥的有力证明,责任就全落在具体工作人员的身上,管理人员只负责相应管理责任。这方面涉及管理人员的素质和道德问题。

(4)“四个关系”处理不好。在处理“安全与生产、安全与效益、安全与稳定、安全与发展”的关系上,一遇到具体问题往往重生产轻安全、重效益轻安全,造成忽视安全抓生产、增效益的局面,给安全管理带来较大的难度。

安全心理学家认为,人的不安全行为与人当时的思想意识、心理状态有着密切的联系。人们心理活动的过程,首先是通过自己的感觉器官、知觉器官,获得对客观事物的感性认识,在此基础上通过大脑的思考、分析、判断等思维活动,形成思想,指挥行动,产生行为。人的行为包括人的具体操作行为和管理行为,只有培养职工正确的思想意识、养成良好的心理状态,才能使企业安全发展、长治久安。

第三节　容易发生“三违”行为的因素分析

一、“三违”行为发生时间分析

煤矿“三违”行为的发生在时间上、时段上有一定的规律性和集中性。我们对“三违”行为发生时间进行大量统计调查后发现以下规律:

(1)农忙季节,容易发生“三违”行为。

(2)新婚前后,思想难以集中,容易发生“三违”行为。

(3) 家中来信、来电说家中出现难题时，思想紊乱、不专心，容易发生“三违”行为。

(4) 家庭闹矛盾时，容易发生“三违”行为。

(5) 倒班前后，容易发生“三违”行为。

(6) 交接班前后，“三违”行为偏多。

(7) 黎明前的一段时间“三违”行为偏多，并且较为严重。

(8) 下午和夜间“三违”行为较多。

(9) 每个班的下半班，“三违”行为普遍要多于上半班。

(10) 人体生物节律处于低潮时，容易发生“三违”行为。

(11) 生产任务紧张时，“三违”行为较多。

(12) 出勤率低的时候，容易发生“三违”行为。

(13) 改变工作场所时，容易发生“三违”行为。

(14) 在生产材料供应不及时或者缺少时，容易发生“三违”行为。

(15) 领导干部调动变化时，容易发生“三违”行为。

(16) 工作面各个工序不协调或各工种进展不均衡时，容易发生“三违”行为。

(17) 领导不在场时，“三违”行为偏多。

(18) 安全检查人员不认真严格检查时，容易发生“三违”行为。

(19) 上级安全质量检查过后，容易发生“三违”行为。

(20) 安全周期延长时，容易滋长麻痹心理，发生“三违”行为。

一些安全先进的煤矿企业在抓安全工作上，把上述容易发生“三违”行为的时间作为重点时间来抓，重点进行督促检查，使这些时间内的事故率大大降低，从而取得了安全工作的主动权。

二、容易发生“三违”行为的地点、工序、生产环境与方式分析

(1) 综采工作面安装、回撤时。由于设备多、工序复杂、多工种作业、各环节管理难度大，易发生“三违”行为。

(2) 胶轮车运输时。由于车辆多、运输量大、人员驾驶时间长，易发生“三违”行为。

(3) 掘进工作面末节风筒吊挂不合格时。掘进工作面风流不畅通，容易造成瓦斯积聚，易发生职工“三违”行为。

(4) 井下作业环境受到限制时。作业地点狭窄、艰苦、不舒服时，极易发生“三违”行为。

(5) 在运输提升工作摘挂车环节中，易发生“三违”行为。

(6) 架线电机车行驶在曲线、拐弯及道岔处时，易发生“三违”行为。

(7) 在巷道的拐弯处及斜坡处作业时，易发生“三违”行为。

(8) 在使用小绞车时，易发生“三违”行为。

(9) 采掘工作面爆破作业环节，易发生“三违”行为。

(10) 实行包工干活时。包工容易出现单纯追求产量和进度、忽视质量和安全，易发生“三违”行为。

(11) 零星岗位、分散工种。零星岗位、分散工种因是单独作业，无人监督，在自觉性较差的情况下，易发生“三违”行为。

(12) 个体防护做得不到位时，易发生“三违”行为。

第四节 容易发生“三违”行为的人员分析

通过对“三违”人员进行的大量统计调查，我们发现容易发生“三违”的人员主要包括：

(1) 粗心大意的人：干活粗糙，毛手毛脚，稀里糊涂，对质量、安全、规定不在乎，马马虎虎。

(2) 生产骨干：由于领导器重、工人尊重，出煤、进尺是主力，因而不大在意是否按规程作业。

(3) 干活落后的人：由于干活落在后头，急于追赶，忽视了按章办事，加之班(队)长的督促，就会自觉不自觉地进行了违章作业。

(4) 个别熟悉情况的人：这种人有一定的经验，凭过去的经验而不顾眼前的条件变化，认为万无一失，凭经验去干。

(5) 频繁违章而又幸运没出事的人：因曾违章未出事故而大胆违章。

(6) 人事关系好的人：认为即使有小小的违章行为，也不会有人制止和揭发。

(7) 有“根子”的人：认为违章被抓到后有“保护伞”，不会受到什么处理。

(8) 对干部有抵触情绪的人：往往在单独作业和行动时，因冲动而违章。

(9) 探家前后的人：心情不稳定，精力分散或者心情急躁，思想里恋家、想着回家的事，往往顾此失彼，容易违章作业。

(10) 刚下井的新工人：思想紧张，环境不熟悉，自主保安能力差，面对复杂的环境和隐患容易惊慌失措，诱发违章。

(11) 抱有撞大运思想的人：对违章会出事故持怀疑态度。

(12) 懒惰的人：怕麻烦、图省事，认为按规程作业束缚手脚。

(13) 对规程一知半解的人：没有真正理解规程的要求。

(14) 性格急躁的人：遇事不分析、不检查，急于求成。

(15) 兴奋过度及悲伤过度的人：心理失去平衡，调节机能紊乱。

(16) 家庭负担重的人：往往精力分散，身在曹营心在汉。

(17) 极度疲劳和体力消耗过度的人：失去敏锐的观察力和思维能力，动作迟缓。

(18) 文化程度低的人：理解规章制度和认识事物的能力较差。

(19) 反应迟钝的人：应变能力差，致使有时分不清遵章和违章的界限。

(20) 上花班的人：劳动纪律差，组织观念淡薄，往往对岗位上出现的新情况不了解。

(21) 违法乱纪的人：在井下有不在乎的想法，思想不稳定，铤而走险。

(22) 爆破工：调查发现，违章次数最多的工种是爆破工，特别是爆破人员出勤率低的时候，违章现象更为严重。

由于煤矿生产的特殊性及作业环境的复杂性，“三违”人员不仅只是以上这些，还有一些没有列出。对此，要区分不同情况采取不同方法，经常不断地加强安全生产教育和培训，增强职工安全意识，从主观上消除安全隐患；强化安全培训，提升安全操作技能素质，促进安全生产。

违章不一定出事故，出事故必是违章，这句话很好地诠释了事故与违章的关系。也就是说，违章是发生事故的起因，事故是违章导致的必然后果。许多安全管理先进的煤矿企业都重视抓“三违”行为治理工作，对发生“三违”行为的人员加强安全教育，严格管理，收到了较好的安全生产效果。

第二章

煤矿公共“三违”行为危害分析与防治

井前“三违”隐患招，
立罐坐车须稳靠。
井巷未有捷径走，
侥幸心态事故遭。
职业危害重防护，
避难逃生靠情报。
现场急救要精准，
应急回春贵手妙。
其他“三违”应杜绝，
安全培训入心脑。

第一节　入井前“三违”行为危害分析与防治

1. 上班前不好好休息

危害分析：工作中精力不足，易疲劳、精神状态不好，工作效率降低，容易出现操作失误或安全事故。

防治措施：(1) 上班前必须好好休息。(2) 井下工作环境复杂、工作辛苦，付出的体力和精力较大，只有保持旺盛的精力才能安全作业。

2. 不参加班前会

危害分析：不了解班前会布置的生产任务和安全注意事项，工作中容易出现蛮干、冒险作业情形，可能引发安全事故。

防治措施：(1) 必须参加班前会。(2) 掌握当班生产任务和安全注意事项，工作有目标、有标准，安全操作和作业。

3. 入井前喝酒

危害分析：喝了酒的人，往往神志昏沉，精神不集中，生产中容易出现差错，甚至引发安全事故。

防治措施：(1) 入井前严禁喝酒。(2) 同时要注意，即使前一天喝酒，也可能导致第二天精神状态不佳，所以为了井下工作安全，即使入井前一天，也要注意控制饮酒量。

4. 穿化纤衣服入井

危害分析：化纤衣服易产生静电，可能引发矿井火灾事故、瓦斯爆炸事故，危及人身和矿井安全。此外，化纤衣服容易着火，烧着后会粘在身上，对人身造成更大的伤害。

防治措施：(1) 入井时严禁穿化纤衣服。(2) 按规定穿戴工作服和保护用品。人员在作业过程中，应当严格遵守本单位的安全生产规章制度和操作规程，服从管理，正确佩戴和使用劳动防护用品。

5. 携带香烟和打火机、火柴等点火物品入井(场)

危害分析：携带香烟和打火机、火柴等点火物品入井(场)，在井下(场内)吸烟、点火容易引起瓦斯、煤尘爆炸和井下火灾。

防治措施：(1) 入井时严禁携带烟草和点火物品。(2) 入井前要仔细检查自己的口袋，以免不小心将烟草和点火物品带入井下。

6. 入井不戴安全帽

危害分析：因为顶板的碎矸经常掉下砸头，同时井下空间较小，容易碰头，所以要戴好安全帽，防止头部遭到撞、碰和砸等伤害。因此，不戴安全帽，会造成人身伤害事故。

防治措施：(1) 入井时必须戴安全帽。(2) 戴安全帽时要注意检查安全帽是否完好，不完好的应及时更换；(3) 安全帽应按照规定的要求佩戴，以确保防护效果。

7. 入井不携带矿灯

危害分析：矿灯是职工的眼睛，不带矿灯下井工人寸步难行。新型矿灯兼有瓦斯监测和报警功能；在发生危险时还可作为应急信号，如晃灯停车；在紧急避险时还可传递呼救信号。同时，矿灯还可作为清点上、下井人数的依据之一。因此，入井不携带矿灯，会造成意外安全事故。

防治措施：(1) 入井时必须携带矿灯。(2) 领取矿灯后要仔细检查矿灯是否完好，电量是否充足，有问题的矿灯要及时更换。(3) 使用中要爱护矿灯。

8. 入井不随身携带自救器

危害分析：自救器是工人在发生重大灾害事故时的重要自救装备，现场工人常称其为“救命器”。如发生瓦斯、煤尘爆炸和火灾时，工人应及时戴好自救器，有组织地按预定避灾路线撤出灾区。不随身携带自救器可能会造成人员中毒死亡事故。

防治措施：(1) 入井时必须随身携带自救器。(2) 领取自救器后要仔细检查自救器是否完好，不完好的及时更换。(3) 自救器是紧急情况下职工的救命设备，一定要注意爱护，同时要加强自救器的佩戴练习，提高熟练程度，避免紧急情况下由于紧张而导致佩戴操作失误。

9. 不遵守入井检身和出入井人员清点制度

危害分析：入井检身和出入井人员清点制度的目的是对下井人员应该做到的基本要求进行监督和检查，掌握井下人员数量、位置等信息。例如：入井检身时发现误带了烟火，可在下井前取出、存于井上；通过出入井人员清点可以准确地掌握井下现有人数（入井人员必须随身携带标识卡），井下发生意外事故时，能及时掌握井下人员情况，便于实施救援。若不遵守入井检身和出入井人员清点制度，极易发生意外安全事故。

防治措施：(1) 职工必须主动接受入井检身，并遵守出入井人员清点制度。(2) 职工在接受入井检身和出入井人员清点时，应排队等候，不准大声喧哗，按次序配合验身人员检查清点。

10. 出入井不按规定走出入口

危害分析：出入井不按规定走出入口，给矿井统计查验出入井人员信息造成漏洞，也易给人身安全带来隐患，易发生人身安全事故。

防治措施：(1) 出入井必须按规定走出入口。(2) 避灾逃生时，可以在确保安全的前提下，选择最近的安全出口出井。

11. 不按规定佩戴劳动保护用品

危害分析：劳动保护用品是保护职工免遭触电、机械伤害、粉尘危害等的特殊保护措施，如果不按规定佩戴，劳动时职工失去保护，容易造成人身伤害，危及生命安全。

防治措施：(1) 必须按规定佩戴劳动保护用品。(2) 领取劳动保护用品时要检查是否完好，不完好的及时更换。

第二节　乘坐罐笼、人车等运人工具时的“三违”行为危害分析与防治

1. 超员乘罐笼

危害分析：超员乘罐笼会出现人员拥挤，易发生挤撞，造成人身伤害；同时，罐笼超负荷运行，易发生设备故障，影响设备正常运行。

防治措施：(1) 严禁超员乘罐笼。(2) 遵守乘罐笼规定，按规定人数有序乘罐笼。

2. 乘罐躺卧、不站立和不握紧扶手

危害分析：易出现人身失稳、失控，可造成伤害自己和他人的严重后果。

防治措施：(1) 乘罐时严禁躺卧。(2) 罐笼提升时速度较快，也有一定的惯性力，乘罐人员必须站立和握紧扶手，确保安全乘罐。

3. 乘罐、乘车时嬉戏打闹

危害分析：扰乱正常的工作秩序，造成不良的工作影响；容易出现人身失稳，影响行罐或行车安全，带来安全隐患；嬉戏打闹也可能带来人身伤害。

防治措施：(1) 乘罐、乘车时严禁嬉戏打闹。(2) 文明有序乘罐、乘车，保证人身安全。

4. 乘罐、乘车摘掉安全帽

危害分析：罐笼、人车空间狭小，高度有限，摘掉安全帽容易磕碰罐顶、车顶，导致头部受伤，引发意外伤人事故。

防治措施：乘罐、乘车时戴好安全帽，系好帽带，保护好头部。

5. 乘罐时将头、手、脚伸出罐笼外面

危害分析：罐笼外面有罐道、管线等设备设施，容易出现刮碰头、手、脚等情形，危及人身安全。另外，罐笼提升或下放速度快，形成的风速较大，也会吹掉安全帽或刺激人的皮肤，给人体造成伤害。

防治措施：文明乘罐，安全乘罐，站稳抓牢，乘罐时严禁将头、手、脚伸出罐笼。

6. 乘罐时将随身携带的工具伸出罐笼

危害分析：工具等伸出罐笼容易刮碰罐笼外面的物体，反作用力击伤乘罐人；工具刮碰罐笼外面的物体，易造成罐笼运行事故及破坏井筒设备设施，也可能带来坠罐险情。

防治措施：(1) 乘罐时严禁将随身携带的工具伸出罐笼。(2) 随身携带的工具要放好，放置在安全的地方保护好，防止磕碰损坏或碰伤人员。

7. 乘坐装物料的罐笼

危害分析:罐笼运行速度快,同时罐笼空间有限,人员易被物料车或物料挤伤或掉落的物料砸伤,危及生命安全。

防治措施:(1) 严禁乘坐装物料的罐笼。(2) 乘坐专用乘人罐笼,安全出入井。

8. 乘罐笼时向井筒内扔东西

危害分析:破坏井筒内的设备设施,也给井筒底带来垃圾,增加了安全隐患。

防治措施:(1) 乘罐笼时严禁向井筒内扔东西。(2) 放置好随身携带的东西,养成良好的工作习惯。

9. 超员乘坐人车

危害分析:人车超员,车内拥挤,运行中车内形成一个整体随车摆动,加大了车辆的侧向压力,容易造成脱轨和翻车。一旦脱轨,由于互相挤压无法采取自救措施,必将加重伤害。同时,人员拥挤,也易出现人员被挤伤或被挤出车外的风险。

防治措施:(1) 严禁超员乘坐人车。(2) 遵守乘坐人车规定,按规定人数有序乘坐人车。

10. 乘坐人车不关门、不挂防护链

危害分析:关人车门和挂防护链是保护人员乘车安全,防止人员被甩出或掉出车外的安全措施。若乘坐人车不关门、不挂防护链,极易造成人身伤害。

防治措施:遵守乘坐人车的规定,按规定关好门、挂好防护链。

11. 乘车、乘罐笼时不听指挥,抢上抢下

危害分析:乘罐笼不听指挥,抢上抢下,极易发生人员拥挤、互相刮碰,造成人身伤害。

防治措施:(1) 乘车、乘罐笼必须听指挥,不准抢上抢下。(2) 自觉遵守上下车秩序,排队上下车。

乘车不听指挥，抢上抢下

12. 在人车两节车厢之间搭乘

危害分析：人在两节车厢之间，当人车运行途中掉道时，很容易挤伤腿脚和被甩掉车下。当发生紧急刹车时，几节车厢互相支撑着立起来，有时支到棚梁上，如果两节车厢之间有人，后果是很严重的，极易发生人员伤亡事故。

防治措施：(1) 在人车两节车厢之间严禁搭乘。(2) 自觉遵守乘坐人车规定，按要求乘坐在人车车厢内。

13. 在机车头与司机挤坐在一起

危害分析：影响或干扰司机正常操作电机车，容易出现行车事故；同时，人员易被挤下车，引发人身安全事故。

防治措施：(1) 不准在机车头与司机挤坐在一起。(2) 电机车司机履行好安全职责，不准其他人员进入驾驶室“蹭车”。

14. 人车行进中扒上、跳下

危害分析：井下空间狭小，运行的车辆离巷壁很近，又经常有杂物等障碍，上有架线，下有道木泥水，不平又滑，身体活动范围受到限制。在人车运行中，人体的惯性很难与车的速度相适应，扒车和跳车都是相当危险的。手没抓准，抓不住，脚下跟不上，没踩准或没踩住，都易摔倒，而车辆仍在运行，后果是可想而知的。同时，扒上、跳下会干扰人车运行，影响运输安全，甚至引发人身伤亡事故。

防治措施：(1) 乘人车时必须遵守规定，人车行进中不准扒上、跳下。(2) 自觉遵守上下车规定，排队有序上下人车。

15. 乘坐井下装物料的矿车

危害分析：装物料的矿车运行速度较快，人员易被甩出或掉下，造成人身伤害；同时，物料也会刮碰人员，危及人身安全。

防治措施：(1) 严禁乘坐井下装物料的矿车。(2) 按照规定路线行走，远离装物料的矿车。

16. 乘坐固定车厢式矿车、翻转车厢式矿车、底卸式矿车、平板车和材料车

危害分析：若车辆掉道或翻车，危及人身安全；同时，车辆停靠位置不确定，人员无法下车或安全离开，也易引发人身伤害事故。

防治措施：(1) 严禁乘坐固定车厢式矿车、翻转车厢式矿车、底卸式矿车、平板车和材料车。(2) 需要乘车时，必须乘坐人车。

17. 乘坐人车时捡拾掉落在车外的东西

危害分析：乘坐人车时捡拾掉落在车外的东西，人员容易掉出车外或被车外物件刮碰，引发人身安全事故。

防治措施：(1) 乘车时严禁捡拾掉落在车外的东西。(2) 自觉遵守乘坐人车规定，在车厢内坐稳抓牢。

18. 乘坐人车时在车内站立

危害分析：乘坐人车时在车内站立，人员会站立不稳或失去平衡，极易出现意外安全事故。

防治措施：(1) 乘坐人车时不准在车内站立。(2) 自觉遵守乘坐人车规定，在车厢内坐稳坐牢。

19. 乘坐人车时在车内躺卧、打盹、睡觉

危害分析：乘坐人车时，在车内躺卧、打盹、睡觉，因人员毫无防备，如果遇到紧急停车，停车惯性使人失稳失衡，就易造成人员被碰撞伤害事故。

防治措施：(1) 乘车时严禁在车内躺卧、打盹、睡觉。(2) 乘车人员要坐稳，时刻注意车辆运行情况，文明乘车。

20. 乘猴车时不扶牢吊杆，用手触摸绳轮

危害分析：不扶牢吊杆，人员易掉落摔伤；用手触摸绳轮易被碰伤或使身体失去平衡而掉落，造成人身安全事故。

防治措施：(1) 乘猴车时手必须扶牢吊杆，严禁用手触摸绳轮。(2) 乘猴车人员要坐稳坐正，双脚蹬牢脚蹬，保持良好的精神状态。

21. 乘坐带式输送机时背向行进方向或站立、仰卧或手摸胶带两侧

危害分析：乘坐带式输送机时背向行进方向，易错过下人点，人员无法安全下来；站立、仰卧容易出现失衡或身体凸出部位被刮碰，引发人身安全事故；手摸胶带两侧容易出现刮碰，使手部受伤。

防治措施：(1) 乘坐带式输送机时严禁背向行进方向或站立、仰卧、手摸胶带两侧。(2) 乘坐带式输送机时要面向行进方向，坐稳坐正，集中精力目视前方。(3) 快要到下人点时，要提前做好下带式输送机的准备工作，防止因错过下人点而引发意外事故。

22. 乘坐刮板输送机

危害分析：刮板输送机是专门运输煤炭的设备，运行时人员不能乘坐，倘若乘坐易挤伤身体，严重者危及人的生命安全。

防治措施：(1) 严禁乘坐刮板输送机。(2) 人员行走时走专门行人通道，确保安全行走。

第三节 井下行走“三违”行为危害分析与防治

1. 在兼作行人的斜巷内行走，不执行“行人不行车，行车不行人”的规定

危害分析：如果车辆运行时人员在斜巷内行走，容易出现车辆刮碰人员的情况，引发人身安全事故。遇有跑车时，可能引发伤亡事故。

防治措施:(1) 斜巷提升时,严禁行人。(2) 悬挂警示牌,完善声光信号,加强上下把钩工的岗位职责教育,严格执行“行人不行车,行车不行人”制度。(3) 车辆运行时,人员在安全警戒线以外的安全地点等候,斜巷不行车时方可行走。

行车时行人,危害极大

2. 在人行道宽度不够的大巷里行走,当车辆接近时不立即就近躲避

危害分析:容易出现车辆刮碰人员的情况,导致人身安全事故。

防治措施:(1) 在人行道宽度不够的大巷里行走,当车辆接近时必须就近躲避。(2) 注意观察前后安全状况,安全行走,做好自主保安。

3. 在轨道中间行走

危害分析:在轨道中间行走,容易被车辆撞击,危及生命安全,引发人身安全事故。

防治措施:(1) 严禁在轨道中间行走。(2) 应按行人路线行走,注意观察前后车辆,有车辆通过时及时避让,站在巷帮等候,待车辆通过后方可行走。

4. 在刮板输送机的机槽内行走

危害分析:刮板输送机是专门运输煤炭的设备,人员不能在机槽内行走。倘若行走，设备或货物会挤碰人体，导致人身安全事故。

防治措施：(1) 不准在刮板输送机的机槽内行走。(2) 行走时走专门行人通道，确保安全行走。

5. 攀扶电缆行走

危害分析：攀扶电缆行走，会拽落电缆，使电缆吊挂不标准。另外，倘若电缆漏电，会导致人身触电，引发触电安全事故。

防治措施：(1) 严禁攀扶电缆行走。(2) 行走时手不触碰周围缆线，避开危险源。

6. 在井下行走时，随身携带的长工具扛在肩上

危害分析：容易刮碰电机车架线，造成人身触电事故；同时，容易刮碰巷道内缆线，破坏缆线，引发意外事故。

防治措施：(1) 在井下行走时，严禁将随身携带的长工具扛在肩上。(2) 采取措施保护好长工具，用手紧握或固定牢，安全带至使用地点。

7. 随身携带的锋利工具刃口不戴护套

危害分析：锋利工具刃口容易割伤人手或其他部位，造成人身伤害。

防治措施：(1) 随身携带的锋利工具刃口必须戴护套。(2) 携带工具首先要保障人身安全，对会威胁或会导致人身安全的工具必须采取防护措施，不能伤害人体。

8. 横穿大巷、弯道、交叉口时不执行“一停二看三通过”的规定

危害分析：横穿大巷、弯道、交叉口时不执行“一停二看三通过”规定，易引发车辆刮碰行人，导致人身伤害事故。

防治措施：(1) 横穿大巷、弯道、交叉口时必须执行“一停二看三通过”的规定。(2) 井下行走必须走行人路线，注意观察周围安全状况，遇有横穿大巷、弯道、交叉口等特殊地点时，更要注意观察瞭望，确保安全通过。

9. 在井下行走时，横跨正在运行的绞车道或无极绳道

危害分析：绞车道或无极绳道的道心有钢丝绳，一旦钢丝绳被弹起，极易引发人身安全事故。

防治措施：(1) 在井下行走时，严禁横跨正在运行的绞车道或无极绳道。(2) 待绞车道或无极绳道停止运行后，人员方可横跨通过。

10. 在采区、巷道里行走时，不注意观察支护等周围险情

危害分析：采区、巷道里环境复杂，顶板压力大，巷帮随时有片帮的危险。若遇有支护失效，会出现顶板冒落、两帮片帮等现象，极易引发伤人事故。

防治措施：(1) 在采区、巷道里行走时，必须注意观察支护等周围险情。(2) 行走时要保持高度的警觉性，细心观察周围顶板、两帮支护情况，发现险情必须停止前行，采取措施、排除险情后方可行走。

11. 在溜煤眼和下料眼下方行走

危害分析：溜煤眼和下料眼是运输煤炭及物料的运输巷道，人员在此下方行走时，一旦出现煤炭和物料突然大量下溜，会压埋行人，造成安全事故。

防治措施：(1) 严禁在溜煤眼和下料眼下方行走。(2) 行走时走专门行人通道，不走存在安全风险的危险地点。

12. 不走专门设置的过桥通道，随意钻越、跨越带式输送机

危害分析：随意钻越、跨越带式输送机时，由于带式输送机运行速度快，同时，上下托辊运转，极易刮碰人员，造成人身安全事故。

防治措施：（1）必须走专门设置的过桥通道，严禁随意钻越、跨越带式输送机。（2）带式输送机机头、中间部、机尾设有一定数量的行人过桥，人员需要通过带式输送机时必须走这些过桥。

跨越带式输送机，危害极大

第四节 职业危害“三违”行为危害分析与防治

1. 擅自拆卸防尘设施

危害分析：破坏防尘设施，会导致粉尘超标，增加职工患尘肺病的风险；同时，可能引发煤尘爆炸事故。防尘设施包括大巷喷雾装置、巷道全断面净化水幕、运输设备转载点喷雾装置、煤仓上口喷雾装置、耙装机装料口喷雾装置等，在各个生产环节起到降尘作用。

防治措施：（1）严禁擅自拆卸防尘设施。（2）各个产尘点按照标准安装防尘设施，保护爱惜防尘设施，要设专人经常检查、维护防尘设施。

2. 粉尘浓度超标情况下作业

危害分析：在粉尘浓度超标环境中作业，能见度降低，影响作业人员视线，极易引发安全事故。同时，也易引起煤尘爆炸事故，造成矿难。另外，粉尘超标，增加职工患尘肺病的风险。

防治措施：(1) 严禁在粉尘浓度超标情况下作业。(2) 坚持巷道洒水、冲洗巷道，坚持使用降尘设施。

3. 在采掘工作面作业时，不佩戴防尘口罩

危害分析：采掘工作面生产期间会产生大量粉尘，虽然采取了减尘措施和降尘措施，但仍然有一部分粉尘飘浮在空气中。作业人员吸入粉尘，有害身体健康，经常性不佩戴防尘口罩会引发尘肺病。

防治措施：(1) 防尘口罩可以过滤空气中的粉尘，在采掘工作面作业时必须佩戴防尘口罩。(2) 入井前，要仔细检查防尘口罩是否完好，及时更换滤棉，确保使用的防尘口罩完好无损。

不佩戴防尘口罩，容易患尘肺病

4. 放煤时不开启喷雾降尘

危害分析：工作面放顶煤会产生大量的粉尘，如果放煤时不开启喷雾降尘，会导致工作面能见度降低，影响人的视线，极易引发生产安全事故。同时，粉尘超标，也会引发煤尘爆炸和尘肺病。

防治措施：(1) 通过开启喷雾可以降低工作面的煤尘浓度，所以，放煤时必须开启喷雾降尘。(2) 经常检查喷雾装置是否完好，对喷雾效果达不到要求的喷雾装置应立即更换，确保喷雾装置雾化效果。

5. 不用湿式凿岩(煤)法，干打眼

危害分析：干打眼会造成工作面风流中的粉尘浓度超限，恶化工作面环境，损害职工身体健康，甚至会引发煤尘燃烧、爆炸事故。

防治措施：(1) 必须用湿式凿岩(煤)法，严禁干打眼。(2) 在工作面打眼时，必须采取喷雾等降尘措施。

6. 工作面爆破后，不等炮烟排净就进入工作面

危害分析：炸药爆炸后生成炮烟，其主要成分是 CO、CO_2、H_2、NO、SO_2等有毒有害气体。炮烟危害人体健康，会发生炮烟中毒事故。

防治措施：(1) 工作面爆破后，必须等炮烟排净后，人员方可进入工作面。(2) 爆破后须通风 30 min 后，才允许工作人员进入现场检查。

7. 采煤机(掘进机)开机时不及时开启喷雾降尘

危害分析：采煤机(掘进机)割煤时产生大量煤尘，若不开启内外喷雾或内外喷雾压力达不到要求，会造成工作面煤尘浓度超限，甚至引发煤尘燃烧、爆炸事故。同时，过量粉尘也会损害职工身体健康。

不开启内外喷雾作业，危害极大

防治措施：(1) 采煤机（掘进机）工作时，必须开启内外喷雾降尘。(2) 采煤机（掘进机）内外喷雾压力要达到规定要求，确保每个喷雾头正常雾化。

8. 装岩前不往矸石（煤）上洒水降尘、冲洗岩（煤）壁

危害分析：装岩前不往矸石（煤）上洒水降尘、冲洗岩（煤）壁，工作地点风流中粉尘浓度超限，损害职工身体健康，甚至造成煤尘事故。

防治措施：(1) 装岩前必须往矸石（煤）上洒水降尘、冲洗岩（煤）壁，确保煤尘浓度不超标。(2) 经常检查喷雾装置是否完好，对喷雾效果达不到要求的喷雾装置应立即更换处理，确保喷雾装置雾化效果。

9. 在噪声超标的环境下作业时不佩戴耳塞

危害分析：噪声损害人的听觉，引起各种病症，会引发意外事故。在噪声超标的环境下作业时不佩戴耳塞，容易出现耳膜穿孔，导致噪声性耳聋，造成工伤事故。

防治措施：(1) 在噪声超标的环境下作业时必须佩戴耳塞，减低噪声干扰及危害。(2) 佩戴耳塞前要仔细检查耳塞是否完好，耳塞损坏或不完好时应立即更换处理。

10. 在有毒有害气体浓度超标情况下作业

危害分析：有毒有害气体浓度超标会危害人体健康，导致作业人员中毒事故。

防治措施：(1) 在有毒有害气体浓度超标情况下，严禁作业。(2) 煤矿井下的有毒气体主要来源于炮烟和煤氧化、火灾等。因为很多有毒气体是易溶于水的，所以加强通风和喷雾洒水可以排除和降低有毒气体含量，净化空气，是消除毒物危害的最根本、最有效的措施。

11. 高温下作业

危害分析：高温作业对人体循环系统、消化系统、泌尿系统、神经系统等都有危害，可导致作业人员中暑，危害人身健康。

防治措施：(1) 严禁在高温下作业。(2) 在高温环境下，应采取通风、喷雾洒水、保健防护等降温措施，改善作业环境。

第五节 避灾逃生“三违”行为危害分析与防治

1. 不熟悉安全出口和避灾路线

危害分析:不熟悉安全出口和避灾路线,一旦井下出现灾害,容易迷失安全避灾方向,无法按正确避灾路线逃生,易引发人身安全事故。

防治措施:(1) 必须熟悉安全出口和避灾路线。(2) 掌握有效避灾、安全避灾和成功逃生的方法。

2. 不听从指挥,逃避抢险救灾

危害分析:不听从指挥,逃避抢险救灾,容易使事故扩大,影响抢险救灾工作正常进行。

防治措施:(1) 必须听从指挥,不准逃避抢险救灾。(2) 积极参与抢险救灾练习,熟悉抢险救灾知识及逃生技能。

3. 不会佩戴自救器

危害分析:发生煤与瓦斯突出、瓦斯爆炸及煤尘爆炸等事故时,若不会佩戴自救器,灾区人员会吸入有毒有害气体,使人员窒息中毒,造成人身安全事故。

防治措施:(1) 入井时必须随身携带自救器。(2) 领取自救器后要仔细检查自救器是否完好,不完好的及时更换。(3) 自救器是紧急情况下职工的救命设备,一定要注意爱护,同时要加强自救器的佩戴练习,提高熟练程度,避免紧急情况下由于紧张而导致佩戴操作失误。

4. 不熟悉井下避灾知识

危害分析:发生灾害时,不熟悉井下避灾知识,人员盲目撤离,不能按正确避灾路线安全撤离,容易发生安全事故。

防治措施:(1) 从事煤矿井下作业人员必须熟悉井下避灾知识,以便发生灾害事故时能够安全撤离。(2) 井下所有工作地点必须设置灾害事故避灾路线。避灾路线指示应当设置在不易受到碰撞的显著位置,在矿灯照明下清晰可见,并标注所在位置。巷道交叉口必须设置避灾路线标识。

第六节　现场急救“三违”行为危害分析与防治

1. 巷道冒顶,被堵人员盲目用力扒矸石自救

危害分析:巷道冒顶,被堵人员盲目用力扒矸石容易发生二次冒顶及消耗人的体力和精力,危及人的生命安全。

防治措施:(1) 巷道冒顶后周围情况不明时,被堵人员不得盲目用力扒矸石自救。(2) 遇到巷道冒顶被堵时,应躲避到安全地点,静卧休息,保持体力,等待救援。

2. 抢扒冒顶埋压伤员时用镐刨或用铁锤敲打

危害分析:被大矸石、支柱等重物压住或被煤矸石掩埋的伤员,受到长时间挤压,会造成肌肉组织缺血坏死,进而引起肾脏损坏而发生肾功能衰竭等。因此,对他们进行抢扒时要十分小心,不得用镐刨或用铁锤敲打,避免对伤者造成二次伤害。

防治措施:(1) 抢扒冒顶埋压伤员时,严禁用镐刨或用铁锤敲打。(2) 抢扒伤员时须注意不要损伤人体。靠近伤员身边时,扒掘动作要轻巧稳重，以免对伤员造成伤害，绝对不可用镐刨或用铁锤敲打，更不能用爆破的方法处理。

3. 人员触电时，用铁棍或其他导电体救助触电者

危害分析：用铁棍或其他导电体救助触电者，易使救助者同时触电，威胁人身安全，造成连环触电事故。

防治措施：(1) 人员触电时，严禁用铁棍或其他导电体救助触电者。(2) 遇到人员触电，首先要切断电源或使触电者脱离电源。(3) 迅速观察伤员有无呼吸和心跳。如发现已停止呼吸或心音微弱，应立即进行人工呼吸或胸外心脏按压。

4. 发现窒息或心跳骤停伤员，立即抬运升井

危害分析：容易耽误伤员抢救时机，抬运时间过长极易导致伤员死亡。

防治措施：(1) 发现窒息或心跳骤停伤员，严禁立即抬运升井。(2) 立即将伤员从危险区抢运到新鲜风流中，取平卧位。将伤员口、鼻内的黏液、血块、泥土、碎煤等除去，解开伤员的上衣和腰带，脱掉伤员的胶鞋，对伤员进行人工呼吸或心脏复苏等急救措施，直到恢复心跳或有生命特征。

5. 受伤者骨头外露，将骨头放置回原位

危害分析：容易使受伤部位感染或受到二次伤害，加重伤员的痛苦。同时，也为后续医治增加困难。

防治措施：(1) 严禁将受伤者外露的骨头放置回原位。(2) 对受伤者采用包扎创口、止血和临时固定骨折处等急救措施，然后迅速送到地面，到医院救治。

6. 用担架抬运伤员时，伤员头朝前、脚朝后

危害分析：在后面抬担架的人员无法观察到伤员的表情变化或呼吸状况，无法察觉伤员伤情变化，甚至伤者停止呼吸都不知道，不利于救治伤员。

防治措施：用担架抬运伤员时，一定要使伤员脚朝前、头朝后。这样可使后面的抬送人员随时看到伤员的面部表情。如果发现异常变化，能停下来及时抢救。

7. 用背负法搬运脊柱损伤的伤员

危害分析：容易出现伤者二次伤害。当脊柱损伤后，再弯曲活动时，有可能损伤脊髓而造成截瘫甚至突然死亡，所以在搬运脊柱损伤的伤员时要十分小心。

防治措施：(1) 严禁用背负法搬运脊柱损伤的伤员。(2) 搬运脊柱损伤的伤员时，严禁让伤员坐起、站立和行走，也不能用一人抬头、一人抱腿或人背的方法搬运，应使用硬板担架运送。

第七节　其他方面“三违”行为危害分析与防治

1. 在井下随意拆开、敲打、撞击矿灯

危害分析：在井下随意拆开、敲打、撞击矿灯，极易损坏矿灯，造成矿灯不完好，也可能导致矿灯失爆，引发瓦斯爆炸等灾害事故。

防治措施：(1) 在井下严禁随意拆开、敲打、撞击矿灯。(2) 使用中要爱护矿灯，保护好矿工的“第二个眼睛”。

严禁在井下拆开矿灯

2. 无作业规程、安全技术措施安排生产

危害分析：作业规程包含工程施工的起因、过程、相关系统、实施步骤、安全技术要求等，它属于技术标准。安全技术措施包含工程施工操作步骤和程序，安全技术知识和注意事项，预防事故的紧急措施。无作业规程、安全技术措施安排生产，容易出现作业无标准、无技术要求、无安全注意事项，职工瞎干蛮干，极易造成工程质量不合格，引发安全事故。

防治措施：(1) 严禁无作业规程、安全技术措施安排生产。(2) 工程施工前必须编制作业规程或安全技术措施。(3) 作业人员必须学习贯彻作业规程、安全技术措施，否则不准上岗作业。

3. 作业规程、安全技术措施的编制与现场不符，或编制、审批程序违反规定

危害分析：容易误导施工现场，导致工程质量不合格或存在安全隐患，可能引发工程质量事故或安全事故。

防治措施：(1) 作业规程、安全技术措施的编制必须与现场相符，编制、审批程序必须符合规定。(2) 作业人员必须学习贯彻作业规程、安全技术措施，否则不准上岗作业。

4. 在井下打盹睡觉

危害分析：在井下打盹睡觉，一是设备运转无人看管，引发设备运行事故；二是无法察觉周围顶板、巷帮支护情况，易造成顶、帮伤人事故。

防治措施：(1) 严禁在井下打盹睡觉。(2) 上班前休息好，养足精神，作业期间保持良好的工作状态。

5. 在支护不全、不牢或有冒顶危险的地点休息或就餐

危害分析：支护不全、不牢或有冒顶危险的地点容易出现顶板掉矸、巷帮片帮，引发顶、帮伤人事故。

防治措施：(1) 严禁在支护不全、不牢或有冒顶危险的地点休息或就餐。(2) 作业现场要支护好顶板，保证顶板稳固、支护牢靠，排除顶板掉矸、巷帮片帮的安全隐患。

6. 随便挪移井下路标或安全标志

危害分析：井下路标或安全标志是指示或提醒巷道方向、安全注意事项的警示牌板，对职工安全行走、安全操作及安全自保是十分重要的。如果随便挪移井下路标或安全标志，易使人员误入严禁入内区域或接近危险场所，造成意外事故发生。

防治措施：(1) 严禁随便挪移井下路标或安全标志。(2) 要爱护井下路标和安全标志，设专人检查维护，保证井下路标和安全标志完好无损。

7. 使用不合格支护材料及不合格防护用品

危害分析：使用不合格支护材料及不合格防护用品，容易出现巷道支护质量不合格，引发工程质量问题，可能导致顶板事故，危及人身安全。

防治措施：(1) 严禁使用不合格支护材料及不合格防护用品。(2) 严格按照规程、措施施工，使用合格的支护材料。

严禁使用不合格材料

8. 擅自拆开计量仪表封条或铅封

危害分析：擅自拆开计量仪表封条或铅封，容易出现计量仪表人为破坏，造成计量仪表测量数据失准，极易引发意外事故。

防治措施：(1) 严禁擅自拆开计量仪表封条或铅封。(2) 要爱护计量仪表封条或铅封，设专人检查维护，保证计量仪表封条或铅封完好无损。

9. 现场存在事故隐患尚未处理，强令工人作业

危害分析：现场存在事故隐患尚未处理，强令工人作业，容易使隐患不断扩大或失控，极易发生安全事故，带来人身伤害和财产、设备的损失，甚至造成伤亡事故。

防治措施：(1) 现场存在事故隐患尚未处理时，严禁强令工人作业。(2) 现场作业人员有权拒绝违章指挥和强令冒险作业。发现直接危及人身安全的紧急情况时，有权停止作业或者在采取可能的应急措施后撤离作业场所。

10. 擅自损坏报警、信号装置

危害分析：擅自损坏报警、信号装置，容易使报警、信号装置失灵失效，起不到安全保护作用，极易引发安全事故。

防治措施：(1) 严禁擅自损坏报警、信号装置。(2) 要设专人检查维护报警、信号装置，确保报警、信号装置安全可靠。

11. 不执行交接班制度

危害分析：不执行交接班制度，接班人员对上一班安全状况、安全条件及安全隐患等事项不清楚，生产中易出现意外，甚至发生安全事故。

防治措施：(1) 必须严格执行交接班制度。(2) 交接班时，应将工作面或岗位的安全状况、安全条件、安全隐患及整改情况和安全注意事项都交接清楚，让下一班有针对性地组织生产。

12. 擅自脱岗、聊天

危害分析：擅自脱岗、聊天，容易出现设备无人看管、设备运行失控现象，可能引发设备运行事故或其他安全事故。

防治措施：(1) 严禁擅自脱岗、聊天。(2) 职工必须遵守劳动纪律，坚守工作岗位，上标准岗干标准活，不干与本工作无关的事情。

13. 作业时，不按规定系安全带

危害分析：2 m 以上都是高处作业，必须系安全带。若不按规定系安全带，容易出现高空坠落，引发人身伤亡事故。

防治措施：(1) 作业时，必须按规定系安全带。(2) 正确系安全带。当坠落发生时，实际冲击的距离会加大，人和绳都要受到较大的冲击负荷，所以安全带必须高挂低用，杜绝低挂高用。肩带应该跨过胸腔，腰带应该紧贴髋骨。

14. 在井下擅自打点发信号

危害分析：擅自打点发信号，操作人员（司机）接到信号后不了解实际情况，若开车运行，极易引发安全事故。

防治措施：(1) 在井下严禁擅自打点发信号。(2) 非信号工或非运输人员不准靠近操作台或信号装置处，更不准随意摸碰信号按钮等发信号装置。

15. 空顶作业

危害分析：不按作业规程或安全技术措施施工，空顶面积超过规定时，不进行支护而继续作业，容易出现顶板冒落，引发顶板伤人事故。

防治措施：(1) 严禁空顶作业。(2) 按作业规程或安全技术措施施工，及时支护顶板，消除顶板冒落的风险。

16. 特种作业人员无证上岗

危害分析：特种作业人员无证上岗，容易出现违规操作、违章作业，埋下安全隐患，极易引发安全事故。

防治措施：特种作业人员必须经专门安全培训，培训合格取得操作证后方可上岗作业。

17. 不服从管理，殴打、谩骂正常行使职责的安全生产管理人员

危害分析：不服从管理，殴打、谩骂正常行使职责的安全生产管理人员，扰乱生产秩序，打伤或侮辱安全生产管理人员，甚至可能造成生产安全事故或人身伤害事故。

防治措施：遵守劳动纪律，工作中服从管理，有意见或分歧可以通过正常渠道反映给单位领导，绝不能意气用事，更不能殴打、谩骂正常行使职责的安全生产管理人员。

18. 抵制安全监督、检查，拒绝安全指令

危害分析：抵制安全监督、检查，容易出现违规作业、冒险蛮干，埋下事故隐患；拒绝安全指令，容易出现冒险蛮干、违法违规生产，可能引发安全生产事故。

防治措施：(1) 加强依法依规生产教育，增强法治观念，接受上级部门安全监督、检查，严格执行安全指令，做到依法依规生产。(2) 对于安全监督、检查查出的隐患，按照隐患整改“五定”原则进行处理，及时消除事故隐患。

19. 在工作场所或井下打架斗殴

危害分析：打架斗殴扰乱生产秩序，严重者打伤人员，引发生产安全事故或造成刑事案件。

打架斗殴，危害极大

防治措施：(1) 在工作场所或井下严禁打架斗殴。(2) 增强法治观念，遵守劳动纪律，工作中有意见或分歧可以通过正常渠道反映给单位领导，绝不能意气用事，更不能打架斗殴。

20. 故意破坏事故现场

危害分析：保护事故现场，是每个人的法律义务，也是查明事故发生原因、事故事实，明确事故责任人的基本要求。故意破坏事故现场，增加了事故调查的难度，尤其给事故原因查找带来困难，影响事故的调查。

防治措施：(1) 严禁故意破坏事故现场。(2) 强化法治教育，增强法治观念，保护好事故现场。

21. 发生事故隐瞒不报、迟报或谎报

危害分析：发生事故隐瞒不报、迟报或谎报，一是影响事故救援工作的开展，造成事故扩大或失控；二是不能及时查找事故原因，也不能及时吸取事故教训；三是干扰执法人员依法调查事故，容易出现事故定性不准或无法定性的情形。

防治措施：(1) 发生事故严禁隐瞒不报、迟报或谎报。(2) 发生事故后，事故现场有关人员应当立即报告本单位负责人。单位负责人应当迅速采取有效措施，组织抢救，防止事故扩大，减少人员伤亡和财产损失，并按照国家有关规定立即如实报告当地负有安全生产监督管理职责的部门。

第三章

采煤作业常见“三违”行为危害分析与防治

危险作业罪责多，
岗位“三违”惹百祸。
煤机血刃不归魂，
超前处理杂事作。
支护放煤不规矩，
注水清煤程序错。
泵站运料须谨慎，
一招走错棋不活。
遵章守纪全员责，
现场安境生路阔。

第一节　采煤机司机岗位

1. 用采煤机牵拉、顶推、托吊其他设备、物件

危害分析：采煤机本身不具备牵拉、顶推或托吊功能及相关的制动控制装置，如果利用采煤机牵拉、顶推或托吊设备和物件，容易发生动力失控等意外事故。同时，利用采煤机牵拉、顶推或托吊设备和物件时，会增加采煤机行走部的负荷，容易损坏其构件，造成采煤机意外事故。

防治措施：(1) 严禁用采煤机牵拉、顶推、托吊其他设备、物件。(2) 采煤机检修维护要到位，使其始终保持完好状态，发现问题及时处理。

严禁用采煤机牵拉、顶推、托吊其他设备、物件

2. 采煤机司机开机前，不认真检查结构件、螺栓、操作按钮

危害分析：不认真检查结构件、螺栓、操作按钮，容易出现结构件、螺栓、操作按钮不完好，可能引发采煤机局部损坏、无法开机或停机，导致安全生产事故。

防治措施：(1) 采煤机司机开机前，要认真检查结构件、螺栓、操作按钮。(2) 要做好采煤机日常检修维护,始终保持采煤机处于完好工作状态,发现隐患要及时排除。

3. 采煤机带负荷启动,过载情况下强行截割

危害分析:采煤机带负荷启动,过载情况下强行截割,容易出现采煤机过负荷运行,极易造成憋烧电机、损坏部件,引发采煤机机电事故。

防治措施:(1) 不准采煤机带负荷启动,不准采煤机在过载情况下强行截割。(2) 采煤机启动时,滚筒应处于空载状态。过载时,后退采煤机,调整牵引速度,缓慢截割煤壁。

4. 发现操作手把不灵活或动作有误时,不停机检查,乱敲、乱砸、强行使用

危害分析:乱敲、乱砸,容易损坏操作手把;强行使用不灵活的操作手把,可能导致采煤机牵引不正常、滚筒升降失控等采煤机安全事故。

防治措施:(1) 发现操作手把不灵活或动作有误时,必须停机检查,严禁乱敲、乱砸,更不能强行使用不灵活或动作有误的操作手把。(2) 做好采煤机日常检修维护,始终保持采煤机处于完好工作状态,发现问题和隐患要及时排除。

5. 割煤过程中,司机不观察煤帮及支架情况

危害分析:不观察煤帮,容易出现煤壁片帮压埋采煤机或司机,导致安全事故;不观察支架,容易出现采煤机截割伸缩梁,造成损坏采煤机和支架的机电事故。

防治措施:(1) 割煤过程中,司机必须观察煤帮及支架情况。(2) 割煤时,司机精力要集中,紧盯煤帮和支架,发现异常必须及时停机处理。

6. 采煤机司机开机前,不检查冷却水或水量是否达到要求

危害分析:不检查冷却水或水量,容易出现冷却水不能正常供水,冷却效果差,可能引发烧毁电动机、损伤传动齿轮,引发采煤机机电事故。

防治措施:(1) 采煤机司机开机前,要认真检查冷却水或水量是否达到要求。(2) 冷却水或水量必须达到规定要求,否则不准开机。

开机前必须检查冷却水

7. 采煤机司机离开采煤机而不打闭锁,检修时不打开离合器

危害分析:如果采煤机司机离开采煤机时不打闭锁,或在检修采煤机时不打开离合器,极易发生误操作采煤机,导致滚筒意外伤人事故。

防治措施:(1) 司机离开采煤机时必须闭锁,检修采煤机时必须打开离合器。(2) 司机要按照采煤机司机操作规程操作采煤机,以确保不发生误操作伤人事故。

8. 当班生产作业结束后,采煤机滚筒没有下放至底板

危害分析:采煤机滚筒没有下放至底板,造成采煤机摇臂和滚筒悬空,使调高油缸长时间处于承重状态,容易使调高油缸液压系统出现故障,引发意外机电事故。

防治措施:(1) 当班生产作业结束后,司机必须将采煤机滚筒下放至底板。(2) 维护保养好采煤机,始终保持采煤机处于完好工作状态,发现隐患要及时排除。

第二节 工作面推移输送机工岗位

1. 综采工作面推移刮板输送机时，距采煤机距离不足设备弯曲段长度

危害分析：距采煤机距离不足设备弯曲段长度时推移刮板输送机，会使中部槽接口不平，中部槽出现急弯、死弯，导致槽间连接销变形或损坏。另外，也容易造成链条负荷增加，易拉断链条，极易出现溜槽脱节事故。同时，也易使采煤机滑靴出现憋卡，造成采煤机机械事故。

防治措施：(1) 综采工作面推移刮板输送机时，距采煤机距离必须大于设备弯曲段长度。(2) 按照作业规程规定推移刮板输送机，确保刮板输送机不出现急弯、死弯。

2. 工作面没做直、做平时，不从两端头而从中部开始推拉刮板输送机

危害分析：工作面没做直、做平，不从两端头而从中部开始推拉刮板输送机，容易导致刮板输送机窜前(窜后)。同时，容易导致液压支架侧护板损坏、支架倾斜后支撑力不够等，严重的话易造成倒架、塌顶，危险性增大。

防治措施：(1) 工作面没做直、做平时，必须从两端头而不能从中部开始推拉刮板输送机。(2) 按照刮板输送机操作规程推拉刮板输送机，爱惜保养好刮板输送机，出现故障及时停机处理。

3. 推移刮板输送机时，工作面与输送机之间有人

危害分析：如果工作面与输送机之间有人，容易挤伤人员，造成人身伤害事故。

防治措施：(1) 推移刮板输送机时，工作面与输送机之间不得有人。(2) 推移刮板输送机前，认真检查工作面与输送机之间是否有人。一旦有人，让其离开危险区域，确定无危险后方可推移刮板输送机。

推移刮板输送机时，工作面与输送机之间不得有人

4. 推移刮板输送机时，不注意前后液压推移油缸动作相互配合

危害分析：不注意前后液压推移油缸动作相互配合，容易使刮板输送机出现急弯、死弯，导致中部槽错口而发生断链或底链脱槽事故。

防治措施：(1) 推移刮板输送机时，应注意前后液压推移油缸动作相互配合。(2) 按照刮板输送机操作规程推移刮板输送机，确保刮板输送机不出现急弯、死弯。

5. 有人进入溜槽或煤壁检查时，没有使推移操纵阀手把处于中立位置或未闭锁该段液压支架电液控、主供液截止阀

危害分析：没有使推移操纵阀手把处于中立位置或未闭锁该段液压支架电液控、主供液截止阀，容易出现操纵阀手把或电液控、主供液截止阀误动作挤伤人员，造成人身伤害事故。

防治措施：(1) 有人进入溜槽或煤壁检查时，必须使推移操纵阀手把处于中立位置或闭锁该段液压支架电液控、主供液截止阀。(2) 推移完刮板输送机后，及时将推移操纵阀手把推至中立位置或闭锁该段液压支架电液控、主供液截止阀，防止带压的推拉杆出现误动作。

6. 推移刮板输送机遇到困难时仍然强行推移

危害分析：推移刮板输送机遇到困难时仍然强行推移，容易使液压推移油缸或支架液压系统出现故障；同时，也容易导致刮板输送机部件损坏，出现设备损坏事故。

防治措施：(1) 推移刮板输送机遇到困难时，不准强行推移。(2) 按照刮板输送机操作规程推移刮板输送机，爱惜保养好刮板输送机，遇到推移困难必须及时停机处理。

第三节　工作面综采移架工岗位

1. 移架前不检查支架有无歪斜、倒架、咬架、架间距离是否符合规定

危害分析：移架前不检查支架有无歪斜、倒架、咬架、架间距离是否符合规定，容易出现支架失控或损坏，引发安全事故。同时，也易出现顶板掉矸伤人事故。

防治措施：(1) 移架前必须认真检查支架有无歪斜、倒架、咬架、架间距离是否符合规定。(2) 按照作业规程和操作规程移架，出现歪斜、倒架、咬架、架间距离不够时，必须及时处理，不准未经处理而强行移架。

移架前不检查支架有无歪斜、倒架、咬架，危害极大

2. 移架前不检查支架顶梁与掩护梁工作状态是否正常

危害分析:移架前不检查支架顶梁与掩护梁工作状态,容易出现支架顶梁损坏无法正常使用,以及掩护梁损坏无法及时支护顶板,引发顶板事故。

防治措施:(1) 移架前必须认真检查支架顶梁与掩护梁工作状态是否正常。(2) 按照作业规程和操作规程拉移液压支架,爱惜保养好液压支架,出现问题及时处理。

3. 移架前不检查支架结构件有无开焊、断裂、变形以及螺钉是否松动

危害分析:不检查支架结构件有无开焊、断裂、变形以及螺钉是否松动,容易出现移架时加剧支架结构件的损坏,影响正常移架,导致生产安全事故。

防治措施:移架前必须认真检查支架结构件有无开焊、断裂、变形以及螺钉是否松动;发现问题必须及时处理,严禁使用带病液压支架。

4. 移架时不检查液压件是否完好

危害分析:若液压件存在问题没有被发现,移架时易出故障,拉不动支架,引发意外事故。

防治措施:(1) 移架时必须认真检查液压件是否完好,有问题或隐患必须及时处理,严禁支架带病移架。(2) 做好液压支架日常维护检修,确保液压件完好无损。

5. 移架前不预先发出警告,被移支架前后两架有人停留

危害分析:移架前不预先发出警告,若被移支架前后两架有人停留,容易导致设备挤伤或掉矸砸伤,造成人身安全事故。

防治措施:(1) 移架前必须预先发出警告,被移支架前后两架严禁有人停留。(2) 操作支架前,预先发出信号,被拉支架前后两架人员全部到安全地点躲避。

6. 顶板破碎时,不坚持带压擦顶移架

危害分析:顶板破碎时,不坚持带压擦顶移架,容易出现破碎顶板下沉,压死支架或出现漏矸冒顶,造成人员伤亡事故。

防治措施：(1) 顶板破碎时，必须坚持带压擦顶移架。(2) 保证支架完好，不出现窜液、漏液现象，支架初撑力保持在 24 MPa 以上。

7. 移架支护与采煤机截割、刮板输送机推移的间隔要求，不符合作业规程规定

危害分析：移架支护与采煤机截割、刮板输送机推移的间隔要求，不符合作业规程规定，容易出现顶板暴露时间过长，引发冒顶事故，或引发设备损坏事故。

防治措施：移架支护与采煤机截割、刮板输送机推移的间隔要求，必须符合作业规程规定，距离超规定时应立即停止移架。

第四节　超前处理工岗位

1. 工作面上下端头双楔梁使用不合格、缺楔或长钢梁一梁少于三柱

危害分析：工作面上下端头使用双楔梁或长钢梁，其主要目的是提高上下端头支护的安全可靠性。双楔梁是指有双楔铰接的顶梁，在使用过程中，当两梁的铲接角度一定后，必须将两楔打紧。使用长钢梁的端头，其长钢梁下至少一梁三柱，防止长钢梁下弯或支柱失稳，引发意外事故。

防治措施：(1) 工作面上下端头使用合格的双楔梁，铁楔齐全，长钢梁下不少于三根支柱支护。(2) 工作面上下端头支护质量必须合格，支护材料及支护标准必须符合作业规程要求。

2. 工作面上下隅角回切顶柱滞后超过规定

危害分析：工作面上下隅角回切顶柱滞后超过规定时，会带来一系列安全问题。例如：隅角处因风流不易扩散到，对于高瓦斯矿井，容易形成瓦斯库；上下隅角回切顶柱滞后，采空区悬顶面积增大，顶板的压力容易传递到工作面，回切顶柱时容易发生推垮棚事故。一般情况下，上下隅角的回切顶柱，其滞后长度不得超过切顶线向采空区 1 m。

防治措施：(1) 严禁工作面上下隅角回切顶柱滞后超过规定。

(2) 加强工作面上下隅角管理,及时对上下隅角进行回柱放顶,确保不滞后。

3. 超前棚失效支柱当班不及时处理而继续使用

危害分析:支柱是用来支撑顶板的,失效支柱不仅不能起到支撑顶板的作用,还会因倒柱而伤人。如支柱出现自降,最大伸长度达不到应有的支护高度,也容易导致支护失效发生冒顶事故。

防治措施:(1) 及时更换失效的支柱。当班发现,当班处理,不得留给下一班处理。(2) 常态化检查超前棚支柱情况,确保支柱完好使用,一旦发现支柱失效,立即更换。

4. 进入空顶区从事与支护无关的作业

危害分析:无支护的顶板随时有冒落的可能,人员进入空顶区从事与支护无关的作业,极有可能发生矸石冒落伤人事故。

防治措施:(1) 严禁进入空顶区从事与支护无关的作业。(2) 如果要对空顶区进行支护,应使用安全点柱临时支护,或其他临时护顶措施,在确保安全的情况下,再进入空顶区进行支护作业。

进入空顶区极有可能发生矸石冒落伤人事故

5. 超前支护长度小于《煤矿安全规程》和作业规程规定

危害分析：超前支护长度小于《煤矿安全规程》和作业规程规定，容易导致巷道顶板下沉或顶板冒落险情，危及人身安全。

防治措施：(1) 超前支护长度必须符合《煤矿安全规程》和作业规程规定。(2) 按照作业规程规定打设超前棚，保证超前棚梁、支柱完好齐全，超前支护长度不得小于 20 m。

6. 切顶线未按规定使用挡矸帘

危害分析：采煤工作面采用无密集支柱切顶时，必须有防止工作面冒顶和矸石窜入工作面的措施。在炮采工作面，为防止顶板在工作面后方断裂时冒落后的矸石进入工作面，必须增设密集支柱。密集支柱的作用是切顶、挡矸。在回柱放顶时，切顶线采空区侧的顶板会随着支柱的落下而冒落，如果不使用挡矸帘，冒落的矸石会伤及回柱工，如遇到破碎顶板，会有大量的碎矸石冲向煤壁侧，严重时会发生埋人事故。

防治措施：(1) 切顶线必须按规定使用挡矸帘。(2) 按照作业规程规定打设挡矸帘，检查维护好挡矸帘，出现破损或缺失的应及时更换和补齐。

第五节　工作面回采支护工岗位

1. 端面距超规定后不及时支护

危害分析：当工作面端面距超过规定时，裸露的顶板容易冒落，煤壁也易片帮，且冒落的煤块或矸石有伤人的危险，尤其是倾角较大的工作面。

防治措施：(1) 端面距超过规定后应及时支护。(2) 确保端面距支护质量，支护标准符合作业规程要求。

2. 割煤与回柱放顶平行距离达不到规定要求

危害分析：采煤机割煤时，被割过的区段顶板裸露，需要及时进行升柱支护，如果在割煤的同时在采空区侧进行回柱放顶，就会造成顶板失稳，甚至推垮棚造成冒顶。

防治措施：(1) 割煤与回柱放顶平行距离必须符合规定要求。(2) 加强割煤与回柱放顶工序管理，控制好二者的平行距离。

3. 工作面空棚、空柱、缺柱、缺梁或连续两棚空顶未接实

危害分析：如果工作面空棚、空柱、缺柱、缺梁或连续两棚空顶未接实，将会导致支护强度减弱，空棚、空柱、缺柱处的支柱载荷就会增大，缺梁、空棚或空顶处的顶板就会下沉或冒落，容易引发冒顶事故。

防治措施：(1) 严禁工作面空棚、空柱、缺柱、缺梁或连续两棚空顶未接实。(2) 按作业规程规定支护顶板，防止出现顶板事故。

4. 回柱或升柱时单人作业

危害分析：回柱时若单人作业，将无人观察顶板变化和作业区域的安全环境。当顶板发生变化时，操作者不易察觉，当出现操作失误时也无人阻止，容易发生意外事故。

防治措施：(1) 回柱或升柱时严禁单人作业。(2) 按照作业规程规定进行回柱或升柱，回柱或升柱时必须保证不少于两人，并做好安全互保。

回柱或升柱时严禁单人作业

5. 无柱悬臂梁上再挂悬臂梁

危害分析：在无支柱的悬臂梁上再挂悬臂梁，使悬臂超长，支柱受力方向改变，不仅不能有效地支护顶板，还极易造成棚架失稳，发生倒棚冒顶事故。

防治措施：(1) 无柱悬臂梁上不准再挂悬臂梁。(2) 按作业规程规定打设无柱悬臂梁，如果需要在无柱的悬臂梁上再挂梁，应先在原悬臂梁上补上一根支柱，然后再挂梁。

6. 工作面回柱放顶未按规定自下而上由采空区向煤帮的顺序回柱，或回柱放顶的分段长度小于规定

危害分析：一般情况，采煤工作面都有倾斜角度，习惯上称为工作面上头和下头。在回柱放顶时，应由下而上，是考虑到人员的安全问题。通常在发生垮棚时，棚架都是向下方倒的。因此，由下而上回柱放顶相对比较安全，一旦发生垮棚，能及时躲闪。由采空区向煤帮回柱的顺序，主要考虑回柱人员的安全后路。回柱放顶的分段距离一般不小于 15 m，这主要考虑到回柱放顶过程中，一旦发生意外垮棚，回柱人员有安全退路。如果两个回柱茬口靠得太近，一个点发生垮棚，很有可能波及另一个点，造成大面积垮棚和冒顶，人员无法撤退，导致伤亡事故。

防治措施：工作面回柱放顶时，严格按照作业规程中的相关规定，自下而上、由采空区向煤帮按顺序进行，其分段长度应大于规定。

第六节　工作面放煤工岗位

1. 大块煤(矸)卡住放煤口时，用爆破方法处理

危害分析：容易出现放明炮，碰伤人员或崩坏放煤口设施等安全事故；同时，也易引发瓦斯爆炸事故。

防治措施：(1) 大块煤(矸)卡住放煤口时，严禁用爆破方法处理。(2) 大块煤(矸)卡住放煤口时，要用插板挤碎大块煤(矸)。

2. 放煤工在刮板输送机停机时放煤

危害分析：放煤工在刮板输送机停机时放煤，容易出现煤炭压死刮板输送机的情况，导致刮板输送机无法启动，造成生产中断事故。

防治措施：(1) 放煤工在刮板输送机停机时不准放煤。(2) 放煤前必须先开启刮板输送机，控制放煤量，防止煤炭压死刮板输送机。

3. 放煤时只有1人操作

危害分析：放煤时若单人操作，将无人观察顶煤变化和作业区域的安全环境。当顶煤发生变化时，操作者不易察觉，若操作失误也无人阻止，容易发生意外事故。

防治措施：放煤时至少2人操作，1人放煤，1人观察放煤口及周边环境安全。

4. 采面放顶煤与采煤未按设计保持一定距离平行作业

危害分析：若采面放顶煤与采煤未按设计保持一定距离平行作业，会导致顺槽运输设备过负荷运行，易出现压死运输设备事故；同时，易出现人员相互干扰，工序混乱，极易发生安全事故。

防治措施：采面放顶煤与采煤必须按设计保持一定距离平行作业。

5. 工作面放煤时，不注意瓦斯变化情况

危害分析：工作面放煤时，不注意瓦斯变化情况，容易出现瓦斯超限，引发瓦斯事故。

防治措施：工作面放煤时，要时刻注意瓦斯变化情况，瓦斯超限时要立即停止放煤作业。

6. 放煤时不严格控制放煤量

危害分析：若放煤时不严格控制放煤量，容易出现放煤量忽大忽小，煤量大时可能导致压死运输设备，造成生产中断事故。

防治措施：放煤时放煤量要均匀，严格控制放煤量，确保运输设备正常运转。

第七节 充填工岗位

1. 采用水砂充填法处理采空区时，充填线不符合规定

危害分析：充填法开采就是利用充填材料来充填煤层开采留下的

空间，从而减少地表沉陷和地下开采对地面建(构)筑物的影响。采用水砂充填法处理采空区时，充填线不符合规定时容易出现采空区顶板下沉失控，充填效果变差，引发地面塌陷超过规定。

防治措施：(1) 采用水砂充填法处理采空区时，充填线必须符合规定。(2) 采用水砂充填法处理采空区，要确保地面塌陷不超过规定。

2. 采用水砂充填法时，在工作面内不接注砂管充填

危害分析：采用水砂充填法时，在工作面内不接注砂管充填，采空区回采空间得不到及时充填，极易出现顶板冒落，引发地面塌陷事故。

防治措施：(1) 采用水砂充填法时，在工作面内必须接注砂管充填。(2) 工作面内注砂管不接好，不准采煤作业。

3. 注砂管仰角、水平转角不符合规定

危害分析：注砂管仰角、水平转角不符合规定，容易出现输送砂浆效果差或堵管，极易发生充填不合格事故。

防治措施：(1) 注砂管仰角、水平转角必须符合规定。(2) 按照作业规程规定进行充填作业，注砂管仰角、水平转角不符合规定的，必须加以调整，符合规定后方可充填。

4. 采用水砂充填法处理采空区时，水砂比、充填物黏度不符合规定

危害分析：采用水砂充填法处理采空区时，水砂比、充填物黏度不符合规定，容易出现采空区顶板下沉失控，充填效果变差，引发地面塌陷超过规定。

防治措施：(1) 采用水砂充填法处理采空区时，水砂比、充填物黏度必须符合规定。(2) 采用水砂充填法处理采空区，要确保地面塌陷不超过规定。

5. 注砂管接头螺丝连接不牢固、不垫草圈和胶垫

危害分析：注砂管接头螺丝连接不牢固、不垫草圈和胶垫，容易出现接头松动、漏浆、跑浆，使充填效果变差。

防治措施：(1) 注砂管接头螺丝连接必须牢固，必须垫草圈和胶垫。(2) 检查螺纹连接情况，连接必须牢固。检查垫草圈和胶垫情况，草圈和胶垫必须齐全、完好。

6. 充填工作结束时，不用管道清洗球及清水冲洗输送管道

危害分析：充填工作结束时，不用管道清洗球及清水冲洗输送管道，容易出现输送管道内砂浆沉积在管壁，影响砂浆输送或引发管道堵塞事故。

防治措施：(1) 充填工作结束时，必须用管道清洗球及清水冲洗输送管道。(2) 冲洗输送管道，直到见清水且清水内不含砂时为止，再用压气吹洗输送管道 2 min，同时用清水清洗砂泵和搅拌筒及有关管道等。

第八节 煤层注水工岗位

1. 安装注水泵及钻机时，不检查安装位置处的巷道状态

危害分析：安装注水泵及钻机时，若不检查安装位置处的巷道状态，容易发生顶板伤人或片帮伤人事故。

防治措施：(1) 安装注水泵及钻机时，首先要检查安装位置处的巷道状态，不安全时不准施工。(2) 注水泵及钻机必须安装在顶板完好、无片帮危险的安全地点。

2. 煤层注水开钻前不进行试机

危害分析：注水开钻前不进行试机，容易出现钻机工作不正常，导致无法注水或注水效果变差。

防治措施：注水开钻前要进行试机，发现问题及时处理，正常后方可开钻作业。

3. 煤层注水时，钻孔的间距、方位、倾角、长度不符合规定

危害分析：煤层注水时，若钻孔的间距、方位、倾角、长度不符合规定，则注水效果变差，达不到设计要求。

防治措施：煤层注水时，钻孔的间距、方位、倾角、长度必须符合作业规程规定。

4. 钻孔时只有1人作业

危害分析：钻孔时只有1人作业，当周围安全状况发生变化时，无法察觉，或注水泵出现故障也无法发现，极易导致意外事故发生。

防治措施：钻孔时至少2人一同作业，开钻先开水，停钻后停水。

1人钻孔作业，易发生意外

5. 打完钻孔封孔前，不用清水冲净孔内煤粉，而直接封孔

危害分析：打完钻孔封孔前，不用清水冲净孔内煤粉，而直接封孔，容易出现注水效果差或无法注水的后果。

防治措施：打完钻孔封孔前，必须用清水冲净孔内煤粉，再封孔。

6. 采用水泥砂浆或封孔器封孔，封孔长度不足1 m

危害分析：采用水泥砂浆或封孔器封孔，封孔长度不足1 m，容易出现注水时水压顶坏封孔段，导致跑水或无法注水的意外事故。

防治措施：(1) 采用水泥砂浆或封孔器封孔，封孔长度至少为1 m。(2) 应根据作业规程要求封孔，确保封孔质量。

第九节　清煤工岗位

1. 清煤时，未检查周围安全状况

危害分析：清煤时，不检查周围安全状况，一旦有煤体松动、煤壁伞檐、活矸掉落，极易发生砸伤人事故。

防治措施：(1) 清煤时，必须认真检查周围安全状况。(2) 作业地点 5 m 范围内顶、帮支护安全可靠，工作现场严格执行敲帮问顶制度，发现活矸危岩及时处理。

2. 清煤时距离采煤机滚筒不足 5 m，未停止采煤机滚筒

危害分析：清煤时，距离采煤机滚筒不足 5 m 未停止采煤机滚筒，极易发生滚筒带动的煤块甩出伤人事故。

防治措施：(1) 清煤时，距离采煤机滚筒必须大于 5 m。(2) 清煤时必须认真观察周围安全状况，远离采煤机滚筒，防止滚筒甩出的煤块伤人。割煤期间，滚筒前后 5 m 严禁有人作业。

3. 清煤时，不注意观察刮板输送机上是否有过大的煤块

危害分析：清煤时，不注意观察刮板输送机上是否有过大的煤块，容易出现大煤块脱离刮板输送机的情况，发生意外伤人事故。

防治措施：(1) 清煤时，要注意观察刮板输送机上是否有过大的煤块。(2) 清煤时，必须认真观察周围安全状况，注意观察刮板输送机运行情况，防止刮板输送机上过大的煤块伤人。清煤时，必须面向机尾，并密切关注可弯曲刮板输送机上煤矸动向，发现大煤块时及时躲避。

4. 清煤时，不注意观察移架架间掉落的岩石

危害分析：清煤时，不注意观察移架架间掉落的岩石，推移过程中易造成清煤工伤害事故。

防治措施：(1) 清煤时必须认真观察移架架间掉落的岩石。(2) 移架时，清煤工要选好安全站位，站在安全区域。

5. 开机时，清理带式输送机或刮板输送机机头、机尾处的浮煤

危害分析：开机时，清理带式输送机或刮板输送机机头、机尾处的浮煤，极易造成运输设备转动部位绞伤人员。

防治措施：(1) 开机时，不允许清理带式输送机或刮板输送机机头、机尾处的浮煤。(2) 清理带式输送机或刮板输送机机头、机尾处的浮煤时，必须停机后进行，并提前与司机联系好。

6. 清理出的杂物、物料未妥善处理

危害分析：清理出的杂物、物料未妥善处理，影响人员行走或碰伤人员。

防治措施：清理出的杂物、物料，及时搬运到指定地点码放整齐，或装车运走，轻拿轻放。

第十节　乳化液泵司机岗位

1. 乳化液泵站过滤器不清洁，损坏部件不及时更换

危害分析：乳化液泵站过滤器不清洁，容易出现杂物或杂质混入泵箱，引发管路堵塞、部件损坏，造成液压系统不稳定，甚至导致液压系统故障。损坏部件不及时更换，易出现泵站运转不正常，引发泵站压力低、供液不稳定等液压故障。

防治措施：(1) 泵站过滤器必须定期清洁，损坏部件必须及时更换。(2) 维护保养好乳化液泵站，发现异常或故障必须及时处理，严禁设备带病运转。

2. 泵站司机发现异声、异味、温度超过规定、压力表指示压力不正常、控制阀失效、管路破裂和脱开，仍继续开泵

危害分析：泵站司机发现异声、异味、温度超过规定、压力表指示压力不正常、控制阀失效、管路破裂和脱开时，若继续开泵，容易使故障点失控或扩大，引发更加严重的后果。

防治措施：(1) 泵站司机发现异声、异味、温度超过规定、压力表指示压力不正常、控制阀失效、管路破裂和脱开时，必须立即停泵。(2) 维护保养好乳化液泵站，发现异常或故障必须及时停机处理，严禁设备带病运转。

3. 修理、更换主要供液管路时，不停泵，也不关闭主管路截止阀，带压操作

带压更换供液管路，威胁人身安全

危害分析：修理、更换主要供液管路时，不停泵，也不关闭主管路截止阀，带压操作，容易出现供液管头甩出伤人及高压液流喷出，发生意外伤人事故。

防治措施：（1）修理、更换主要供液管路时，必须停泵，关闭主管路截止阀，严禁带压操作。（2）修理、更换主要供液管路时，按操作规程的规定进行，做好自主保安，不停泵不准修理、更换主要供液管路，主管路截止阀必须关闭，不准带压操作。

4. 擅自打开卸载阀、安全阀调整部件的动作压力

危害分析：擅自打开卸载阀、安全阀调整部件的动作压力，容易出现液压系统压力不正常、供液不稳定，引发意外事故。

防治措施：（1）不准擅自打开卸载阀、安全阀调整部件的动作压力。（2）泵站液压系统稳定，压力符合规定，液压支架正常供液，才能确保工作面安全生产。

5. 擅自关闭泵站的回液截止阀

危害分析：擅自关闭泵站的回液截止阀，将导致液压系统忽然停止供液，威胁工作面支护安全，极易引发生产安全事故。

防治措施：按操作规程规定操作乳化液泵，不准擅自关闭泵站的回液截止阀，以防止意外事故发生。

6. 泵站司机不按时交接班，不认真填写运转记录

危害分析：泵站司机不按时交接班，不认真填写运转记录，容易出现泵站安全隐患交接不清楚，存在问题无法得到解决，导致泵站运行时出现故障或直接影响工作面安全生产。

防治措施：（1）泵站司机必须按时交接班，认真填写运转记录。（2）严格执行交接班制度，现场的安全条件、安全状况、安全隐患及整改情况和安全注意事项必须交接、交代清楚；班中必须填写泵站运行记录。

第十一节　工作面装卸料工岗位

1. 装卸料时未检查周围环境安全状况

危害分析:装卸料时未检查周围环境安全状况,容易出现煤体松动、煤壁伞檐、活矸危岩砸伤人意外事故。

防治措施:(1) 装卸料时必须认真检查周围安全状况。(2) 工作环境 5 m 范围内顶帮支护安全可靠,工作现场严格执行敲帮问顶制度,发现活矸危岩及时处理。

2. 装卸料时未用阻车器将矿车稳住,或斜巷装卸料时摘掉钢丝绳钩头

危害分析:装卸料时未用阻车器将矿车稳住或斜巷装卸料时摘掉钢丝绳钩头,易发生跑车事故。

防治措施:装卸料时必须使用阻车器将矿车稳住,斜巷装卸料时严禁摘掉钢丝绳钩头。

装卸料时未用阻车器将矿车稳住,危害极大

3. 2 人以上装车时,将物料盲目乱扔

危害分析:2 人以上装车时,将物料盲目乱扔,易发生物料弹落伤人或砸坏设备设施事故。

防治措施：2 人以上装车时，必须互相照应、行动一致，做到轻起轻放，不准盲目乱扔，以防物料弹落伤人或砸坏设备设施。

4. 装载物料时不遵守规定

危害分析：装载物料时不遵守规定，易发生车辆掉道伤人或碰伤人事故。

防治措施：(1) 装载物料时必须遵守相关规定。(2) 装载物料不得超长、超宽、超重、超高，同车内的物料长短应一致，否则必须长料在下、短料在上，长短料插穿时应按运行方向前低后高，并捆绑牢靠。

5. 作业人员站在车的两侧推车

危害分析：井下人力推车只能从后面推，因为侧面一面距巷壁很近，脚下又可能有杂物，不便推车；另一侧会有另一条轨道上的来往车辆，不安全也不宜推车；前面更不能拉车，以防下坡摔倒，被车碰伤，只有在后面推。另外，由于车厢宽度限制，站不开更多的人，推车时还得闪开碰头，碰头又遮住视线，看不清脚下，所以推车的力量受到了很大限制。一旦前方有特殊情况，需要立即停车，如遇到坡度大时，推车的几个人是很难使矿车立即停下的，易发生意外事故。

防治措施：(1) 作业人员严禁站在车的两侧推车。(2) 1 次只准推 1 辆车。同向推车的间距，在轨道坡度小于或等于 5‰时，不得小于 10 m；坡度大于 5‰时，不得小于 30 m。

6. 物料下放到位后，未分类堆放整齐

危害分析：物料下放到位后，未分类堆放整齐，易碰伤行人或影响通风断面。

防治措施：物料下放到位后，必须分类堆放整齐，不得影响通风、行人和矿车运输安全。

第四章

开拓掘进作业常见“三违”行为危害分析与防治

开掘进尺接替紧，
贯巷做面任务重。
冒进装岩引祸水，
钻眼支护求规程。
锚杆架棚工艺精，
喷浆作业佑天命。
巷道维护贵专业，
外包隐患法不容。

第一节　掘进机司机岗位

1. 掘进机截割时，截割头前方和旋转范围内有人

危害分析：掘进机在截割时，迎头空间非常有限，且由于粉尘和喷雾等因素，能见度很低。此时如果有人员在作业区内停留，会发生截割头绞人事故，后果极其危险。

防治措施：(1) 掘进机截割时，截割头前方和旋转范围内严禁有人。(2) 掘进机司机在启动掘进机时，必须撤离掘进机前方的工作人员，并发出启动信号后，方可进行机器的试运行和正常截割作业。掘进机工作过程中，严禁闲杂人员进入掘进机蟹爪部位及掘进机前方部位。

2. 掘进迎头空顶距离超过规定，仍然向前掘进

危害分析：空顶距离一旦超过规定，大面积裸露的顶板极易离层，易发生冒落事故。如果在空顶距离超过规定时继续向前掘进，就会危及施工人员的生命安全。

防治措施：(1) 掘进迎头空顶距离超过规定时，应停止向前掘进。(2) 严格按照作业规程的规定，及时对暴露的顶板进行支护，确保人员在有支护的区域内作业。

3. 掘进机开机前不发开车信号,未进行空载试运转

危害分析:掘进机开机前不发开车信号,不会引起掘进机周围人员的注意,人员未撤到安全区域时,容易发生掘进机截割头伤人事故;不进行掘进机空载试运转,司机就不会及时发现掘进机存在的故障,直接启动掘进机截割可能会导致机械事故扩大。

防治措施:(1) 掘进机开机前必须发出开车信号,必须进行空载试运转。(2) 掘进机司机在开机前,认真检查掘进机附近有无其他人员,并将周围的人员撤离,发开车信号 5 s 后,对机器进行空载试运转,检查水压、内外喷雾,掘进机运行正常后方可开始割煤作业。

4. 掘进机开机时不及时开冷却水喷雾

危害分析:掘进机开机时不及时开冷却水喷雾,一是容易出现煤尘浓度超标,可能引发煤尘爆炸事故;二是煤尘超标,威胁作业人员的身体健康,容易引发尘肺病。

防治措施:(1) 掘进机开机时必须及时开冷却水喷雾。(2) 掘进机检修维护工作要到位,截割头上的内喷雾保证完好无损,截割臂底部的外喷雾要保持正常喷雾,冷却水压力保持恒定、符合要求。

5. 掘进机作业或检修时,在截割臂和转载桥前方或下方有人作业或停留

危害分析:掘进机作业或检修时,截割臂有可能由于机械故障或其他原因自行落至巷道的底板,将会导致截割臂下方停留或工作的人员挤伤;掘进机倒退时会将转载桥前方人员挤伤,转载桥意外脱落会压伤下方的人员。

防治措施:(1) 掘进机作业或检修时,在截割臂和转载桥前方或下方严禁有人作业或停留。(2) 如果必须进入截割臂和转载桥前方及下方进行检修等工作,必须停止掘进机作业,将控制开关打至闭锁,在截割臂和转载桥下方支撑可靠的支柱。

6. 掘进机前照明和后尾灯不完好而继续截割作业

危害分析:掘进机前照明和后尾灯不完好时,掘进机司机的视线不良,不利于司机操作作业,有可能在掘进机前进或倒退的过程中发生伤及人员或损坏设备的事故。

防治措施：(1) 掘进机前照明和后尾灯不完好的，严禁继续截割作业。(2) 掘进机作业前，要认真检查掘进机前照明和后尾灯的照明情况，发现问题及时处理。

7. 掘进机停止作业(截割、耙装运输)而未停电、闭锁，司机离开掘进机

危害分析：掘进机停止作业时，未停电、闭锁，司机就离开岗位，如果其他人员误操作启动掘进机，截割头或蟹爪开始运行，会将周围工作的人绞伤碰伤，发生人身伤亡事故。

防治措施：(1) 掘进机停止作业(截割、耙装运输)而未停电、闭锁的，司机不准离开掘进机。(2) 掘进机司机停止作业(截割、耙装运输)时，必须及时关闭电源，并将开关打至闭锁后再进行检查，确认无问题后方可离开掘进机。

掘进机停止作业未断电非常危险

第二节　耙装机司机岗位

1. 耙装机运行过程中，运行区域内有人员停留或工作

危害分析：耙装机在运行过程中，若有人员进入其钢丝绳运行区域，容易被钢丝绳弹伤或碰伤，或被运行的耙斗撞伤或挤伤，后果严重时会导致人员死亡事故。

防治措施：(1) 耙装机运行过程中，运行区域内严禁有人员停留或工作。(2) 耙装机司机在开机时，要认真察看耙装机运行区域内是否有人员停留或工作，只有将所有人员撤离后，才能启动耙装机作业。耙装机运行过程中，耙装机司机要严格阻止人员进入耙装机运行区域。

2. 斜巷施工耙装机没有防止下滑措施

危害分析：在斜巷施工时，使用卡轨器和在巷帮施工专用固定地锚联结钢丝绳牵引稳固耙装机，才能够有效地防止耙装机侧翻和下滑事故，否则就会造成耙装机失稳侧翻或发生耙装机下滑跑出意外事故。

防治措施：(1) 斜巷施工耙装机必须有防止下滑措施。(2) 在斜巷施工时，必须严格按照作业规程和相关措施的要求作业，全面对耙装机进行稳固，确认稳固合格后，方可运行耙装机。

3. 耙装机封闭式金属挡绳栏、防止耙斗出槽的护栏、道卡子等安全设施不全或未正常使用

危害分析：耙装机封闭式金属挡绳栏不全或不完好时，牵引耙斗的钢丝绳会弹伤人员；防止耙斗出槽的护栏不全或不完好时，会发生耙斗出槽危险，伤害耙装机周围的人员；道卡子等安全设施不全或不正常使用时，会发生耙装机下滑跑出意外事故，伤害人员或损坏设备。

防治措施：(1) 耙装机封闭式金属挡绳栏、防止耙斗出槽的护栏、道卡子等安全设施必须齐全，并且都能够正常使用。(2) 耙装机司机上岗作业时，要认真检查耙装机的安全设施，特别是要检查耙装机封闭式金属挡绳栏、防止耙斗出槽的护栏、道卡子等安全设施，发现问题及时处理。

4. 未检查耙装机绞车的刹车装置是否可靠

危害分析：耙装机运行过程中，如果耙装机绞车的刹车装置不可靠，耙装机司机操作时不能及时控制耙斗有序运行，轻则损坏设备，重则砸伤人员，危害极大。

防治措施：(1) 耙装机绞车的刹车装置必须安全可靠。(2) 耙装机司机在开机前，要认真检查绞车的刹车装置，并撤离耙装机前方和周围的工作人员后，方可进行试运行。在刹车装置正常时，才能进行耙装机的耙装工作。

5. 耙装机回头轮挂在棚梁腿、支护锚杆(索)或钢带上

危害分析：耙装机回头轮挂在棚梁腿、支护锚杆(索)或钢带上，在耙装机运行时，耙装机钢丝绳的拉力会将棚梁腿拉移原来的位置，造成架棚不稳，会发生倒棚事故。耙装机回头轮挂在支护锚杆(索)或钢带上时，耙装机运行时的拉力会导致已经支护的锚杆失效，严重的会发生冒顶事故。

防治措施：(1) 耙装机回头轮严禁挂在棚梁腿、支护锚杆(索)或钢带上。(2) 耙装机的回头轮必须固定在巷道掘进迎头或两帮的专用橛子上，切不可图省事怕麻烦将耙装机回头轮挂在棚梁腿、支护锚杆(索)或钢带上从事耙装运输工作。

6. 耙装机钢丝绳搭接使用，或在一个捻距内断丝超过25%，或出现“烫发头”

危害分析：耙装机钢丝绳搭接使用，或在一个捻距内断丝超过25%，或出现“烫发头”继续作业时，极可能会发生耙装机的钢丝绳断绳抽人事故。耙装机钢丝绳打结或“烫发头”继续作业时，会加快耙装机的磨损，更为严重的是会产生火花，在作业环境瓦斯超限时极易发生瓦斯爆炸事故，后果不堪设想。

防治措施：(1) 耙装机钢丝绳严禁搭接使用，严禁在一个捻距内断丝超过25%，严禁出现“烫发头”。(2) 耙装机司机每班开始作业前，要认真检查钢丝绳的完好情况，断丝超限要及时更换新的钢丝绳，绝对不能将钢丝绳打结使用；运行过程中发现耙装机钢丝绳有“烫发头”现象的，必须及时停机处理。

7. 斜巷挪移耙装机时，机器下方有人工作或停留

危害分析：斜巷挪移耙装机是一项安全风险较大的工作，因为耙装机本身的质量大，耙装机高度较高，重心不稳，容易发生断绳下滑跑出事故或耙装机侧翻事故，轻则损坏设备，重则造成耙装机下方的人员伤亡。

防治措施：(1) 斜巷挪移耙装机时，机器下方严禁有人工作或停留。(2) 在斜巷挪移耙装机前，要认真检查牵引钢丝绳的完好情况，确

认无问题后方可操作。挪移耙装机前，撤离耙装机下方的所有人员，联系好信号后，方可进行挪移耙装机的工作。

8. 耙装机作业时无照明

危害分析：耙装机没有照明进行耙装工作，司机的矿灯照明不能够照射到耙斗的运行区域，当有障碍物阻止耙斗运行时，耙装机司机不能及时发现并处理，极有可能导致耙装机的钢丝绳被拉断，造成钢丝绳抽人事故。在钢丝绳运行范围内无照明时，即使有其他行人等情况也不会被及时发现，会因耙装机司机视线不清，误伤其他人员。

防治措施：(1) 耙装机作业时必须有充足的照明照亮作业区域。(2) 耙装机司机操作耙装机前，要认真检查耙装机的照明灯情况，检查亮度是否满足要求、照射的方位是否正确后，再检查耙装机的其他事项。在所有设施均完好的情况下，才能启动耙装机进行作业。

第三节　液压钻车司机岗位

1. 操作前司机未检查工作面顶板与支护等安全情况

危害分析：操作前司机未检查工作面顶板与支护等安全情况，容易出现煤壁片帮、活矸危岩砸伤人意外事故。

防治措施：操作前司机应与班组长等共同检查工作面顶板与支护等安全情况，工作现场严格执行“敲帮问顶”制度，发现活矸危岩及时处理，确认无隐患后方准开车作业。

2. 操作前司机未检查钻车主要零部件是否齐全、操作手柄是否灵活可靠

危害分析：如果钻车主要零部件不齐全，容易出现设备不完好，设备带病运转；操作手柄不灵活可靠，容易出现不能正常操作，或引发误操作，造成意外事故。

防治措施：操作前司机必须检查钻车，主要零部件必须齐全，行走手柄、钻杆阀手柄、冲击阀手柄、七联阀手柄、打眼阀手柄必须灵活可靠。

3. 操作前司机未检查液压油管、压风胶管、水管及各管接头连接处是否牢固、泄漏

危害分析：操作前司机未检查液压油管、压风胶管、水管及各管接头连接处是否牢固、泄漏，容易出现跑冒滴漏或设备故障，开钻作业时极易引发意外事故，影响正常施工。

防治措施：操作前司机必须检查液压油管、压风胶管、水管及各管接头连接处是否牢固、泄漏，发现问题和隐患必须及时处理。

4. 操作前司机未检查推进钢丝绳的松紧度及有无断丝

危害分析：操作前司机未检查推进钢丝绳的松紧度及有无断丝，容易出现钢丝绳有隐患无法察觉，设备带隐患运转，引发意外事故。

防治措施：(1) 操作前司机必须检查推进钢丝绳的松紧度及有无断丝。(2) 推进钢丝绳的松紧度必须适中，不能过松或过紧，断丝不超规定，断丝若超规定必须及时更换钢丝绳。

5. 使用断裂弯曲钻杆

危害分析：使用断裂弯曲钻杆，容易出现钻杆折断，中断打钻，引发意外事故。

防治措施：(1) 严禁使用断裂弯曲钻杆。(2) 钻杆必须完好，确保无弯曲、无断裂，打钻前认真检查。

6. 钻机照明灯不能正常使用

危害分析：打钻时照明灯不能正常使用，司机的矿灯照明不能够照射到打钻的作业范围，极易引发意外事故。

防治措施：(1) 钻机照明灯必须能正常使用。(2) 操作钻机前，认真检查钻机的照明灯情况，检查亮度是否满足要求，照射的方位是否正确，再检查钻机的其他事项。在所有设施均完好的情况下，才能启动钻机进行作业。

第四节　钻眼作业岗位

1. 不按爆破作业说明书(炮眼布置图、说明表)打眼

危害分析:不按爆破作业说明书(炮眼布置图、说明表)打眼,容易出现打错眼或打废眼,导致爆破后施工质量不合格,造成工程质量事故。

防治措施:(1) 必须按爆破作业说明书(炮眼布置图、说明表)打眼。(2) 要保证打眼质量,眼深、角度必须符合爆破作业说明书的要求。

2. 眼位过高、钻架不够高时,不搭设牢固的平台

危害分析:眼位过高、钻架不够高时,不搭设牢固的平台,容易出现打眼时钻架歪斜或折断钻杆,引发意外事故。

防治措施:(1) 眼位过高、钻架不够高时,必须搭设牢固的平台。(2) 按照作业规程规定操作,打眼时保持钻架高度适中,不能出现钻架忽高忽低的情形。

3. 多台凿岩机打眼时交叉作业

危害分析：多台凿岩机打眼时交叉作业，一是作业空间狭窄，操作人员互相刮碰，可能引发伤害事故；二是噪声加大，损害人员身心健康，易引发噪声性耳聋职业病；三是人员安全没有保证，极易引发意外事故。

防治措施：(1) 严禁多台凿岩机打眼时交叉作业。(2) 多台凿岩机同时钻眼时，要划分区域，做到定机具、定人员、定开眼顺序，不准交叉作业。

4. 打眼工骑在气腿上打眼

危害分析：打眼工骑在气腿上打眼，容易出现钻架歪斜或钻腿弹起伤人，引发意外事故。

防治措施：(1) 打眼工严禁骑在气腿上打眼。(2) 打眼工要站在风钻的右侧，手扶风钻，不准坐或骑跨在风钻的气腿上。风水绳只准从打眼工身体的一侧通过，禁止从两腿之间穿过。

5. 打眼过程中发现来压、出水等异常现象，仍继续打眼

危害分析：打眼过程中发现来压、出水等异常现象，仍继续打眼，一是容易出现冒顶事故，二是容易出现透水事故，导致人员遇险，严重者导致人员避灾不及而遇难。

违章指挥

防治措施：(1) 打眼过程中发现来压、出水等异常现象，严禁继续打眼。(2) 当发现作业地点有冒顶的征兆而当时又难以采取措施防止顶板冒落时，要迅速离开危险区，撤退到安全地点。当发现作业地点有透水预兆时，作业人员应听从班组长的统一指挥，按照避水灾路线进行撤退，不要惊慌失措、各奔东西。

6. 进入工作面不认真敲帮问顶、不检查支护状况就打眼

危害分析：进入工作面不认真敲帮问顶、不检查支护状况就打眼，容易出现煤壁片帮、活矸危岩砸伤人意外事故。

防治措施：(1) 进入工作面必须认真敲帮问顶，不检查支护状况不准打眼作业。(2) 工作现场严格执行敲帮问顶制度，发现活矸危岩必须及时处理，确认无隐患后方准打眼作业。

7. 凿岩机使用前不检查各部件是否完好，不检查风水管路连接装置是否牢固

危害分析：凿岩机使用前不检查各部件是否完好，不检查风水管路连接装置是否牢固，容易出现打眼过程中凿岩机损坏或无法正常使用，引发意外事故。

防治措施：(1) 凿岩机使用前必须认真检查各部件是否完好，风水管路连接装置是否牢固。(2) 凿岩机各零部件、各操作机构和运动部件必须齐全、灵敏、牢靠，风管、水管接头必须紧固。

8. 手扶麻花钻杆打眼或使用麻花钻杆时戴线手套

危害分析：手扶麻花钻杆打眼或使用麻花钻杆时戴线手套，容易出现打眼过程中麻花钻杆碰伤人手或绞伤人手的人身伤害事故。

防治措施：严禁手扶麻花钻杆打眼或使用麻花钻杆时戴线手套。

第五节　锚杆支护岗位

1. 锚杆支护巷道出现截锚杆(索)或少打锚杆(索)行为

危害分析：锚杆和锚索的长度是根据顶板围岩条件设计选定的，如果将锚杆或锚索截短，会导致锚杆或锚索应有的锚固深度达不到设计要求，就会失去支护顶板的作用。少打锚杆(索)时，巷道顶板的支护强度达不到设计要求，也会导致顶板离层，甚至导致冒顶事故发生。

防治措施：(1) 锚杆支护巷道严禁出现截锚杆(索)或少打锚杆(索)行为。(2) 锚杆支护巷道中，要严格按照支护设计的要求使用相应规格的锚杆、锚索，严格按设计确定锚杆、锚索施工位置，特别是巷道的三、四角门，更要严格按照施工措施布置施工锚杆、锚索。

2. 不按作业规程或安全技术措施规定的数量、规格、品种使用锚固剂、锚杆

危害分析：锚杆支护巷道中，锚固剂、锚杆的数量、规格和品种是决定巷道支护质量的关键因素。不同的顶板岩性、不同的巷道断面，其技术参数有不同的要求，只有符合设计要求的数量、规格和品种，才能满足巷道支护强度的要求。不同规格、品种的锚固剂混用或与措施要求不相符，锚杆与锚固剂不匹配，会导致锚杆的锚固力不足，轻则支护能力不足，巷道服务时间短，后期需要对巷道经常维修；严重时，甚至因锚固力失效发生冒顶事故，造成人员伤亡。

防治措施：(1) 严格按作业规程或安全技术措施规定的数量、规格、品种使用锚固剂、锚杆。(2) 严格按照安全技术措施的要求，选择符合规定要求的锚固剂规格和品种。按照锚杆的间排距要求标识锚杆的位置施工锚杆眼，每个锚杆安装过程中，按照安全技术措施要求选用锚固剂的品种、数量，按照安装顺序进行安装。

3. 锚杆未按规定安装且未及时采取措施

危害分析：安装锚杆过程必须全部符合措施规范要求，否则会出现较严重的质量问题。特别是锚杆搅拌锚固剂，必须严格执行技术规范和产品说明书的要求，充分将锚固剂搅拌均匀，把握好搅拌的时间，防止破坏已经初凝的锚固剂，保证锚固剂将锚杆杆体和锚杆孔周壁充分凝结固化，达到设计的抗拔力。如未按规定安装且未及时采取措施，将会导致锚杆安装过程的失败，锚杆抗拔力减小。如果连续出现锚固失效，会导致巷道顶板离层冒落，引发顶板事故。

防治措施：(1) 锚杆必须按规定安装。(2) 安装锚杆过程必须严格执行锚杆支护技术规范和产品说明书的要求，锚固剂的搅拌时间符合锚固剂说明书的要求。从开始搅拌到锚杆上升到眼底的时间占总搅拌时间的70%左右，锚杆上升到眼底后再继续搅拌，时间占总搅拌时间的30%左右，搅拌结束后，锚杆机顶住锚杆而不回落。根据锚固剂说明书上提供的初凝时间确定等待时间，达到等待时间后，摆正托板、钢带，开动锚杆机紧固螺母，边紧固边用相应工具砸打铁托板，使托板

压紧密贴巷道表面，紧固至锚杆机失速并通过对减磨垫圈的变形情况进行判断达到规定螺母扭矩后，方可停机。

4. 两帮空锚距离超过作业规程或安全技术措施规定

危害分析：巷道两帮及时支护，能够保证巷道的帮部稳定，从而维持巷道顶板稳定。如果巷道空锚距离超过了作业规程或安全技术措施规定仍然继续从事其他工作，会导致巷道两帮折帮，巷道跨度增大，工程质量不合格，导致巷道支护困难。严重时会发生煤体片帮伤人，或发生顶板冒落，引发顶板事故。

防治措施：(1) 两帮空锚距离严禁超过作业规程或安全技术措施规定。(2) 巷道的两帮要按照作业规程或安全技术措施的要求，在滞后掘进迎头的一定距离后，及时组织两帮平行作业，实施帮锚工序。

5. 锚索张紧力不足，托板松动

危害分析：锚索的张紧力不足，其托板松动，锚索就不能发挥应有的支护作用，可能发生顶板离层而导致顶板冒顶事故发生。

防治措施：(1) 锚索张紧力必须符合作业规程要求，托板严禁松动。(2) 按照作业规程或安全技术措施要求对设计预紧力的锚索进行张拉，并且按照要求对锚索进行二次张拉，发现不合格的锚索要及时处理。

6. 锚杆的角度与设计偏差15°以上

危害分析：锚杆角度与设计偏差15°以上时，其有效的锚固长度达不到设计要求，有可能发生顶板冒顶事故或巷道片帮事故，造成人员伤亡。

防治措施：(1) 锚杆的角度与设计偏差必须控制在15°以内。(2) 严格按照设计的锚杆角度施工锚杆眼，锚杆眼施工后，施工人员要自查或由验收员验收。锚杆眼角度不合格的，严禁安装锚杆。

7. 锚杆(索)拉拔试验时，其他人员在拉拔正前方、正下方穿行、作业、停留

危害分析：锚杆(索)拉拔试验时，其他人员在拉拔正前方、正下方穿行、作业、停留，一旦做拉拔试验的器具发生误操作或器具飞出，极易造成人员伤害事故。

防治措施：锚杆(索)拉拔试验时，严禁其他人员在拉拔正前方、正下方穿行、作业、停留。

第六节　架棚支护岗位

1. 使用不合格或不符合作业规程规定的支护材料

危害分析：为保证所用的支护材料真正起到有效支撑巷道顶板的作用，确保安全生产，工程技术人员在编制作业规程时，应根据顶底板的岩性、矿压等因素，对需使用的支护材料规格、数量做出明确规定。若生产现场使用不符合作业规程规定的支护材料，会影响支护质量，严重者会引发工程质量事故。

防治措施：(1) 严禁使用不合格或不符合作业规程规定的支护材料。(2) 巷道施工前，区队要按照规定的要求准备材料；将生产现场支护材料分类码放整齐，并设醒目的标志牌；使用支护材料前，施工人员对材料最后把关，确认是否符合作业规程规定的要求。

2. 扶棚支护未按规定腰帮接顶或巷道接顶不实

危害分析：架棚巷道的棚架，主要靠腰帮接顶和加木楔等措施进行稳固。如果施工时不按规定将巷道两帮和顶部背严接实，棚架将失去稳定性，一旦巷道顶部来压，容易发生垮棚冒顶事故。

防治措施：(1) 扶棚支护必须按规定腰帮接顶或使巷道顶板接实。(2) 扶棚支护施工必须按照作业规程或安全技术措施要求选择符合规格要求的支护材料腰帮接顶，其数量必须符合要求，特别要将巷道架棚顶板接实。

3. 棚子构件不齐全

危害分析：棚子构件不齐全，容易出现棚子支护质量不合格、棚子不起作用、架棚质量差，可能引发顶板冒落、巷帮片帮事故。

防治措施：(1) 棚子构件必须齐全。(2) 架棚必须按照作业规程或安全技术措施要求施工，架棚巷道棚子之间必须安设拉杆或撑木，垫板和构件必须齐全。

4. 架棚棚架高低不平，柱腿不见底、不穿木鞋

危害分析：架棚棚架高低不平，柱腿不见底、不穿木鞋，容易出现支架质量不合格，引发顶板事故。

防治措施：(1) 两帮空锚距离严禁超过作业规程或安全技术措施规定。(2) 架棚挖柱窝至设计深度，清到实底。支架无歪扭迈步，无前倾后仰现象。柱窝下是软岩(煤)时，要采取防止柱腿钻底的措施。在柱腿下加柱鞋时，其规格、材质必须符合作业规程要求。

5. U 形钢支架卡子松动或缺卡子

危害分析：U 形钢支架卡子松动或缺卡子，容易出现支架质量不合格，支架支护效果差，极易引发垮棚冒顶事故。

防治措施：(1) U 形钢支架卡子必须紧固牢靠，卡子必须齐全。(2) 按照作业规程或施工安全技术措施架设 U 形钢支架，U 形钢搭接处严禁使用单卡子。其搭接长度、卡子中心距均要符合作业规程规定，误差不得超过±10%。

6. 棚子帮顶没有封严、刹牢或帮顶有活石

危害分析：棚子帮顶没有封严、刹牢，容易出现支架质量不合格，支架支护效果差，极易引发垮棚冒顶事故；帮顶活石、危岩随时都有冒落的可能，人员在此作业或从其下方路过，都极其危险。

防治措施：(1) 棚子帮顶必须封严、刹牢，帮顶不能有活石。(2) 按照作业规程或安全技术措施架棚子。支架帮、顶按规定背紧、背牢。

第七节 喷浆作业岗位

1. 锚喷支护巷道出现失效或不合格锚杆，未经处理就喷浆封闭

危害分析：失效或不合格锚杆未经处理就使用，会严重降低支护的质量，仅仅依靠喷浆不可能满足支护要求，喷浆后，失效或不合格的锚杆就被隐蔽起来，埋下隐患。巷道受压后，失效或不合格的锚杆区域内的顶板离层变化加剧，巷道的服务时间缩短，增加巷道后期修护工作量，同时会导致巷道冒顶或片帮事故发生。

防治措施：(1) 锚喷支护巷道出现失效或不合格锚杆，未经处理严禁喷浆封闭。(2) 锚喷支护巷道喷浆封闭前，要对准备喷浆的区域锚杆进行全面验收，全面进行紧固，使扭矩达到规定要求，对锚杆角度等因素导致的不合格锚杆进行补打，然后才能进行喷浆封闭。

2. 喷浆厚度不符合规定，喷浆前不冲洗巷道顶帮

危害分析：喷浆的厚度决定了喷浆对巷道的支护质量，当喷浆厚度不够时，其支护的强度必然会降低，不利于喷浆体对围岩的支护，也不能有效阻止外界空气对金属网或围岩的腐蚀、风化。而喷浆厚度过大，容易引起喷浆体本身脱落伤人。喷浆前不将巷道顶帮的浮尘冲洗干净，喷浆体与巷道的周壁不亲和，容易导致脱层，不仅使喷浆体失去支护的作用，还会发生喷浆体脱落伤人事故。

防治措施：(1) 喷浆厚度必须符合规定，喷浆前必须冲洗巷道顶帮。(2) 巷道喷浆的厚度必须符合规程和措施的要求，喷浆前在巷道的拱顶和巷帮埋设标注，进行拉线喷浆以控制喷浆厚度。喷浆前用高压风水冲洗巷道顶帮，清除粉尘等杂物，促进围岩与喷体充分地结合成整体。

3. 锚喷支护巷道锚固前未进行初喷

危害分析：初喷可以及时封闭裸露的巷壁围岩，防止围岩松动，同时初喷后的巷道轮廓相对平滑，能有效地保证施工的锚杆角度符合作业规程的要求，杜绝锚杆托盘与巷壁不密贴的现象。如果在锚固前不进行初喷，会导致大量的锚杆施工质量不合格，严重影响支护质量，甚至会引发片帮、冒顶事故。

防治措施：(1) 锚喷支护巷道锚固前必须进行初喷。(2) 锚喷支护巷道爆破后，要及时排矸，找掉浮岩，使用高压风水冲洗巷壁，及时进行初喷，初喷的厚度要满足作业规程或安全技术措施的要求。

4. 未停机处理堵塞的喷射管路，处理堵塞的喷射管路时喷射口前方或附近 5 m 范围内有人

危害分析：喷浆机管路堵塞时管路中有大量的压力，喷浆料突然冲出时，会伤及周围人员。处理堵塞的喷射管路时，若喷射口前方或附近 5 m 范围内有人，人员容易受到伤害。

防治措施：处理堵塞的喷射管路时必须停机，喷射口前方或附近 5 m 范围内严禁有人。

5. 喷混凝土支护不按配合比拌料，无石子或少石子

危害分析：喷混凝土支护不按配合比拌料，拌出来的喷浆料，配比不准确，拌合不均匀，造成材料浪费；无石子或少石子，拌出来的喷浆料达不到支护质量强度要求，容易出现支架质量不合格，引发片帮、浆皮脱落伤人事故。

防治措施：(1) 喷混凝土支护必须按配合比拌料，掺和的石子必须符合要求。(2) 喷混凝土支护必须按照作业规程或安全技术措施要求施工。拌出来的喷浆料，配比要准确，拌合要均匀，要达到支护质量强度要求。

6. 拌料不使用量具或在矿车里拌料

危害分析：拌料不使用量具或在矿车里拌料，容易出现喷混凝土配比不符合规定，喷浆支护效果差，极易引发片帮、浆皮脱落伤人事故。

防治措施：(1) 不准在矿车里拌料。(2) 必须按照作业规程或安全技术措施要求施工，拌料时必须使用量具，确保配比符合规定，拌料要均匀，喷浆料达到质量要求。

7. 喷射人员不佩戴防护眼镜，喷头对着人或迎风喷射

危害分析：喷射人员不佩戴防护眼镜，容易出现喷浆料伤害人眼事故；喷头对着人或迎风喷射，容易出现喷出的射流料击伤人事故。

防治措施：(1) 喷射人员必须佩戴防护眼镜，喷头严禁对着人或迎风喷射。(2) 按照作业规程或安全技术措施要求喷射料浆。喷浆前必须穿戴好防护面罩等防护用品，严禁将喷头指向人员和设备。

违章作业

第八节 巷道维护工岗位

1. 巷道修护时空顶作业

危害分析:空顶作业容易发生矸石掉落砸人或大面积顶板冒落埋人等伤亡事故。

防治措施:(1)巷道修护时严禁空顶作业。(2)巷道修护时,必须按照作业规程或安全技术措施的要求,进行临时支护。人员必须在有支护的空间下作业,严禁人员在无支护区域作业。

2. 修护独头巷道不由外向里逐棚(段)进行;有两组或以上人员同时施工;人员进到独头修护点以里

危害分析:独头巷道修护时,应从外部开始修护,确保施工人员的退路安全畅通,并且施工人员应站立在修护点的外侧,不得站在修护点以里。若从里向外修,外部的失修巷道一旦发生冒顶,就会将施工人员堵在巷道里面。若在一条独头巷道内设两组人员同时施工,也十分危险。一旦外头一组施工点发生冒顶,里边的人员很难逃生。

防治措施:(1)修护独头巷道必须由外向里逐棚(段)进行;不准有两组或以上人员同时施工;人员不准进入独头修护点以里施工。(2)修

护独头巷道严格执行由外向里逐棚（段）进行的顺序进行修护；不得组织两组或以上人员同时施工；所有的人员严禁进入独头修护点以里工作或休息，防止冒顶伤人。

3．有危棚不处理继续施工

危害分析：危棚随时有垮落的可能，如不及时处理，会发生垮棚伤人事故。

防治措施：巷道修护的过程中，发现危棚要及时处理，只有在危棚处理合格后才能从事巷道修护的其他工作。

4．修护巷道时大拉大换；更换巷道支护前未先加固临近支护；拆除原有支护后，未及时架设永久支护

危害分析：在架棚巷道修护时大拉大换、更换巷道支护前不加固临近支护、拆除原有支护后不及时架设永久支护时，均可能造成巷道冒顶事故。

防治措施：(1) 修护巷道时严禁大拉大换；更换巷道支护前必须先加固临近支护；拆除原有支护后，必须及时架设永久支护。(2) 架棚巷道修护时，按照措施规定的顺序逐棚进行修护，修护合格后，再接着从事下一棚的修护工作；在对架棚等巷道更换支护的方式前，先加固前后的巷道，保持巷道的退路通畅；拆除原有的支护后，及时架设永久支护，保证巷道有足够的支护强度。

5．倾斜巷道修护时，无隔离措施分段平行施工

危害分析：倾斜巷道修护时，巷道有一定的坡度，斜巷上段掉落的矸石会随着巷道底板向下滚动，撞击下方的人员，造成人员受伤，或撞坏设备。

防治措施：在倾斜巷道修护时，要严格按照措施的要求，每隔一定的区段安设稳固的隔离设施，防止两茬施工地点之间作业相互影响，防止上段的矸石滚到斜巷的下方施工区段，造成人员受伤。

6．非独头巷道两个相向修护点之间的距离小于 20 m

危害分析：非独头巷道两个相向修护点之间的距离小于 20 m 时，修护过程爆破等活动会影响到另一个修护点，巷道修护后应力也会集中，对两个修护点的巷道支护也不利，极易引发意外安全事故。

防治措施：(1) 非独头巷道两个相向修护点之间的距离严禁小于 20 m。(2) 加大两个相向修护点的距离，当两个相向修护点之间的距离接近 20 m 时，应停止一个修护头，另一个修护头继续工作。

7. 巷道严重失修，未及时组织力量进行修护

危害分析：巷道严重失修时，将影响巷道的通风和行人安全，如不及时组织力量进行修护，易造成严重后果，甚至发生人身伤亡事故。

防治措施：发现巷道严重失修时，立即向矿井调度室汇报；矿井有关部门要积极协调力量对严重失修巷道检查抢修，减少失修巷道对矿井安全生产的威胁。

第五章

机电作业常见“三违”行为危害分析与防治

机电虎伏重在安，
检修防护规程严。
跑冒滴漏攸关命，
劳动事故罪难免。
机电先锋冲在前，
采掘生产处处安。
责任重大不能宽，
安全责任重泰山。

第一节 机电设备管理方面

1. 特种设备检测、检验不合格,强令使用

危害分析:特种设备是涉及生命安全、危险性较大的设备和设施,锅炉、压力容器、电梯、起重机械等都属于特种设备。若特种设备检测、检验不合格,仍强令使用,极容易发生人身伤亡及重大财产损失等事故,而且事故影响面较大。

防治措施:(1) 特种设备检测、检验不合格的,严禁使用。(2) 凡检测、检验不合格的特种设备,应立即停止使用。

2. 擅自启动机电设备或擅自调整电气设备保护整定值

危害分析:擅自启动机电设备,极易发生设备及人身伤亡事故;擅自调整电气设备保护整定值,极容易发生设备烧毁等事故。

防治措施:(1) 严禁擅自启动机电设备或调整电气设备保护整定值。(2) 按照操作规程启动机电设备,没有接到信号严禁启动机电设备;对新装的继电保护装置,如供电系统和负荷参量没有改变,可按设计计算的方案整定检验。当供电系统和负荷参量有较大变动时,应按变动后的参量重新计算整定方案,报主管部门审批后执行。

3. 手持式、移动式电动工具不使用隔离变压器或与之匹配的漏电保护

危害分析:手持式、移动式电动工具不使用隔离变压器或与之匹配的漏电保护,极易发生人身触电事故。

防治措施:手持式或移动式电动工具,必须配备隔离变压器或与之相匹配的漏电保护,否则不能使用。

4. 供电系统图与现场不符

危害分析:供电系统图是职工现场操作的依据,如供电系统图与现场不符,极易发生人身触电事故。

防治措施:供电系统图与现场实际要相符。

5. 将安全保护装置甩掉不用或安全保护装置现场试验不动作

危害分析：将安全保护装置甩掉不用或安全保护装置现场试验不动作，极容易发生触电或电弧烧伤事故，使电雷管超前引爆，烧毁电气设备或发生火灾，引起瓦斯和煤尘爆炸等事故。

防治措施：(1) 严禁将安全保护装置甩掉不用，安全保护装置现场试验必须动作。(2) 电气设备的保护装置应保持灵敏可靠，一旦发现动作不灵敏，应立即更换。

6. 开关未打闭锁而在停止运转的带式输送机或刮板输送机上行走、作业

危害分析：在停止运转的带式输送机或刮板输送机上行走、作业时，开关未打闭锁易导致误开动带式输送机或刮板输送机而发生伤人等事故。

防治措施：(1) 开关未打闭锁，严禁在停止运转的带式输送机或刮板输送机上行走、作业。(2) 在停止运转的带式输送机或刮板输送机上行走、作业时，必须先将开关打闭锁。

7. 副井上口把钩工对下井的设备把关不严，设备没有入井证下井

危害分析：副井上口把钩工对下井的设备把关不严，造成不合格的设备下井，不合格设备使用中对井下的安全生产造成危害，甚至造成人员伤亡。设备没有入井证下井，同样会造成不合格设备下井，易导致意外事故发生。

防治措施：(1) 副井上口把钩工对下井的设备必须严格把关，设备没有入井证严禁下井。(2) 副井上口把钩工严格按照操作规程作业，对下井的设备严格把关，设备没有入井证不得入井。

第二节 井下电气作业岗位

1. 带电检修、搬迁电气设备

危害分析：煤矿井下的空气中含有瓦斯和煤尘，在其含量达到一定数值时，如遇到电气设备或线路产生电弧、点火花和局部高温，就会引起燃烧和爆炸。带电检修、搬迁电气设备极容易发生触电、电弧烧伤、瓦斯和煤尘燃烧和爆炸等事故。

防治措施：(1) 严禁带电检修、搬迁电气设备。(2) 在检修或需要搬迁电气设备时，需事先将该电气设备的电源停掉并闭锁。

2. 强行送电或约时停送电

危害分析：强行送电或约时停送电，极易发生触电或电弧烧伤、烧毁电气设备等事故。

防治措施：(1) 严禁强行送电或约时停送电。(2) 当发现送不上电时，要立即停止送电，并查找原因，进行处理。如果是需要停电操作的项目，必须停电并挂停电牌，并设专人看守。

3. 高压电气设备不执行停送电操作程序

危害分析：为了保证安全供电，防止人身触电，高压电气设备必须遵守停电、验电、放电、装设接地装置、设置安全栏及警示标志等规定。如高压电气设备不执行停送电操作程序，极易发生人身触电、电弧烧伤等事故。

防治措施：高压电气设备必须严格执行停送电操作程序。

4. 开关用铜、铝、铁丝代替保险装置

危害分析：开关用铜、铝、铁丝代替保险装置等违章行为，等于电气

设备安全保护装置不起作用，极易发生人身触电或电弧烧伤、烧毁电气设备或发生火灾，引起瓦斯和煤尘爆炸等事故。

防治措施：(1) 开关严禁用铜、铝、铁丝代替保险装置。(2) 当开关出现不吸合时，应立即进行修理或更换开关。出现烧保险装置时，应更换保险丝，绝不能用其他金属丝代替保险丝。

违章作业

5. 供电系统施工时，不按规定挂接地线

危害分析：供电系统施工时，不按规定挂接地线，容易发生因误操作引起人身触电事故。

防治措施：供电系统施工时，必须按规定挂接地线。

6. 操作高压电气时，不使用绝缘工具

危害分析：操作高压电气时不使用绝缘工具，极易发生人身触电等事故。

防治措施：操作高压电气时，必须使用绝缘工具。

7. 不按规定对检漏装置进行定期试验

危害分析：漏电保护装置是用来防止人身触电和漏电引起事故的一种接地保护装置，当电路或用电设备漏电电流大于装置的整定值，或

人发生触电危险时，它能迅速动作，切断事故电源，避免事故的扩大，保障了人身、设备的安全。不按规定对检漏装置进行定期试验，容易发生人身触电事故。

防治措施：(1) 必须按规定对检漏装置进行定期试验。(2) 煤电钻综合保护装置每班试验一次，照明信号综合保护装置每天试验一次，对具有选择性功能的检漏保护装置，各支路应每天做一次跳闸试验，总检漏保护装置每天应做一次跳闸试验。

8. 在检修时不执行验电、放电制度

危害分析：在检修时不执行验电、放电制度，极易发生人身触电或电弧烧伤等事故。

防治措施：在检修电气设备时，严格执行验电和放电制度。

第三节　机械维护检修工岗位

1. 在罐笼或箕斗顶上工作时，不装设保护伞和栏杆

危害分析：在罐笼或箕斗顶上检修时，不装设保险伞，容易发生井筒掉物打伤检修人员和检修人员不慎坠入井筒事故；不装设栏杆，由于用力和多人作业，有坠入井筒的危险。

防治措施：在罐笼或箕斗顶上工作时，必须装设保护伞和栏杆。

2. 检修人员站在罐笼或箕斗顶上工作时，未系安全带

危害分析：2 m以上都是高处作业，必须系安全带。若不按规定系安全带，容易出现检修人员从罐笼或箕斗顶上坠落，引发人身伤亡事故。

防治措施：(1) 检修人员站在罐笼或箕斗顶上工作时，必须系安全带。(2) 必须正确系安全带，因为当坠落发生时，实际冲击的距离会加大，人和绳都要受到较大的冲击负荷，所以安全带必须高挂低用，杜绝低挂高用。肩带应该跨过胸腔，腰带应该紧贴髋骨。

3. 大型固定设备定期巡查制度执行不认真

危害分析：大型固定设备重在保养，如不及时巡查，其隐患及问题不容易被发现，极易损坏设备，严重时可发生重大事故。

防治措施：必须严格执行大型固定设备定期巡查制度。

4. 井筒或登高作业时工具不用绳拴牢

危害分析：井筒或登高作业时工具不用绳拴牢，极易发生坠物伤人等事故。

防治措施：井筒或登高作业时，工具必须用绳拴牢；作业点的下方，安排专人负责警戒。

5. 未按规定验绳、验罐、检查井筒设施

危害分析：提升机是连续运转的，提升机的装备和设施是动态变化的，如未按规定验绳、验罐、检查井筒设施，一旦出现隐患，极易发生提升事故和伤人事故等。

防治措施：必须按规定验绳、验罐、检查井筒设施，发现问题及时处理。

6. 检修乳化泵、喷雾泵等压力容器及管路前，不进行停气、泄压就操作

危害分析：检修乳化泵、喷雾泵等压力容器及管路前不进行停气，容易产生气体外溢，引发伤人事故；不进行泄压，容易出现高压液伤人事故。

防治措施：检修乳化泵、喷雾泵等压力容器及管路，必须停气、泄压后方可操作。

7. 检修机械时，没有将启动开关打闭锁或未挂停电牌

危害分析：由于煤矿井下条件复杂，在检修或处理机械故障时，存在误操作和误送电的可能，极易发生机械伤人等事故。

防治措施：在检修机械设备时，应先将机械设备的启动开关打闭锁或挂停电牌，以防止误启动或误送电。

违章操作

8. 检修掘进机时，其他人员在截割臂和转载桥下方停留或作业

危害分析：检修掘进机时，其他人员在截割臂和转载桥下方停留或作业，容易发生配件、工具滑落伤人事故或设备启动伤人事故。

防治措施：检修掘进机时，其他人员要远离截割臂和转载桥，不准接近或停留在截割臂和转载桥下方，更不准在其下方作业。

第六章

提升运输作业常见“三违”行为危害分析与防治

立井提升过三关，
人机物协信号连。
生命钢丝不超限，
斜巷行车人周全。
平巷运输禁四超，
加挂违停易触电。
斜坡行车不规范，
低头即见鬼门关。
胶带刮板生命线，
信号把钩命关联。

第一节　立井提升管理方面

1. 提升机司机在启动时发现仪器(仪表)异常,仍强行开车

危害分析:提升机的电流、电压、油压、信号及其他仪器(仪表)等,能反映提升机是否处于完好状态。如果提升机司机在启动时发现仪器(仪表)异常,仍强行开车,将会造成提升机设备损坏或发生操作事故。

防治措施:(1) 提升机司机在启动时发现仪器(仪表)异常时,严禁强行开车。(2) 启动提升机时,如发现仪器(仪表)异常,应立即停止启动,需检查原因,待异常消除后方可启动。

2. 提升机在提升过程中未执行1人操作1人监护

危害分析:主要提升装置的特点,一是工作重要,提升机不能轻易停,停了对产量、升降人员都有很大影响;二是作业时间长,如果只有1名司机,长时间精神高度集中、连续不断地操作,会产生身体和精神上的过度疲劳,又不能轻易停车,勉强坚持必然会引起误操作,所以必须有正、副2名司机轮换操作,1名司机上岗操作,另1名司机进行监护,对安全生产才有保证。但在交接班时间内升降人员的,必须正司机操作、副司机监护。若提升机在提升过程中未执行1人操作1人监护,容易发生提升事故和伤人事故。

防治措施:提升机在提升过程中,必须坚持执行1人操作1人监护,严格按照操作规程操作。

3. 提升、运输设备无信号运行

危害分析:提升、运输设备无信号运行,绞车司机不能准确判断运输巷道内车辆是否需要运行,司机不清楚运输巷道内是否有人。在没有信号的情况下运行绞车,会发生运输事故和人员伤亡事故。

防治措施:(1) 提升、运输设备无信号严禁运行。(2) 对运输巷道内的信号设施,在绞车运行前需认真检查,确认信号畅通、清晰,方可进行提升、运输作业。

4. 专用升降人员的罐笼，超过规定人数时把钩工不制止

危害分析：罐笼内每人占有有效面积不小于 0.18 m，如果罐内人员太挤，互相之间没有活动的余地，就会形成一个整体，在罐笼运行的冲撞下，同时向一侧挤压，有挤坏罐帘或罐门掉入井筒的危险。同时，人员超载也可能导致罐笼超负荷运行，引发意外事故。

防治措施：(1) 专用升降人员的罐笼，超过规定人数时把钩工必须制止。(2) 按规定人数乘罐，乘罐人员应排队有序进入罐笼，把钩工要数清人数，不准出现超过规定人数乘罐。

5. 升降人员或者升降人员和物料的单绳提升罐笼，未装设可靠的防坠器

危害分析：升降人员或者升降人员和物料的单绳提升罐笼未装设可靠的防坠器，一旦出现坠罐，无法止住罐笼快速下坠，会引发惨重的人身伤亡事故。

防治措施：(1) 升降人员或者升降人员和物料的单绳提升罐笼必须装设可靠的防坠器。(2) 做好罐笼的检修与维护工作，安全防护设施不齐全或性能不可靠严禁开车运行。

6. 升降人员或升降人员和物料用的钢丝绳未按规定周期进行检验

危害分析：升降人员或升降人员和物料用的钢丝绳未按规定周期进行检验，容易出现钢丝绳隐患，会引发断绳坠罐事故。

防治措施：(1) 升降人员或升降人员和物料用的钢丝绳必须按规定周期进行检验。(2) 升降人员或升降人员和物料用的钢丝绳自悬挂时起，每隔 6 个月检验 1 次。

7. 提升装置必须装设的保护装置不齐全、不灵敏可靠

危害分析：提升装置必须装设的保险装置不齐全、不灵敏可靠，容易引发坠罐笼或坠箕斗事故。

防治措施：(1) 提升装置必须装设的保护装置必须齐全、灵敏可靠。(2) 提升装置必须装设下列保险装置：过卷和过放保护；超速保护；过负荷和欠电压保护；限速保护；提升容器位置指示保护；闸瓦间隙保护；松绳保护；仓位超限保护；减速功能保护；错向运行保护。

第二节 斜巷运输

1. 斜巷运输钢丝绳断丝超限仍然使用

危害分析：斜巷运输钢丝绳断丝超限仍然使用的，容易造成钢丝绳断绳、车辆跑车等事故。

防治措施：(1) 斜巷运输严禁钢丝绳断丝超限继续使用。(2) 斜巷运输钢丝绳要定期派专人检查，并有检查记录，发现钢丝绳断丝超限的应立即停止使用。

2. 在斜巷中用机械牵引拿道

危害分析：在斜巷中用机械牵引拿道，操作人不能看清车辆掉道情况、周围环境和现场人员情况，不能及时采取有效措施进行针对性施工；在摘挂钩和牵引过程中，掉道车辆就会发生下滑、侧翻、挤帮、脱钩跑车、钢丝绳伤人或其他意外伤亡事故。

防治措施：(1) 在斜巷中严禁用机械牵拿道。(2) 斜巷中掉道车辆复轨必须制定专项安全措施，掉道车辆必须固定牢靠，掉道车辆下方不得有人，并严格按照措施执行，严禁采用机械牵引拿道。

3. 斜巷人行车无跟车工

危害分析：斜巷人行车无跟车工，人车启动、停车、运行中意外紧急停车等信号无人操作；乘车人员上车后无人管理；意外紧急停车的制动机构无人操作，这些情况都会造成斜巷人行车伤亡事故的发生。

防治措施：斜巷人行车必须有跟车工，并且严格按照操作规程作业。

4. 斜巷运输时，上、下平台不设警戒；中间甩道不设警示信号或警示红灯

危害分析：斜巷运输时上、下平台不设警戒，会导致行人误入，造成斜巷既行车又行人的情况，车辆在运行中一旦发生脱钩跑车或其他意外，就会造成斜巷运输伤亡事故；中间甩道不设警示信号或警示红灯，中间甩道人员不能看清楚斜巷是否正在走钩，一旦误入正在走钩的斜巷，会导致斜巷既行车又行人，可能造成斜巷运输伤亡事故。

防治措施：(1) 斜巷运输时，上、下平台必须有把钩人员。(2) 斜巷运输时，上、下滑板设置警戒；甩道应设警示信号或警示红灯。

5. 斜巷人行车中人员在车辆运行过程中将头、手、工具等伸出车外

危害分析：斜巷人行车中人员在车辆运行过程中将头、手、工具等伸出车外的，会造成头和身体其他部分被另一道的车辆或巷道中的其他物体刮伤，严重的甚至会造成人员死亡；随着车辆行进，伸出车外的工具刮伤行人甚至造成行人死亡，工具碰到巷道及其他物体时，也有可能造成车内人员伤亡。

防治措施：斜巷人行车中人员必须遵守乘车规定，在车辆运行过程中严禁将头、手、工具等伸出车外。

6. 斜巷人行车每班运行前未进行手动落闸、抱闸试验

危害分析：斜巷人行车每班运行前进行手动落闸、抱闸试验，确认人行车制动装置完好，安全可靠。如不进行手动落闸、抱闸试验，对人行车的制动系统不能确认是否完好，在这种情况下进行运行，有可能发生因制动失效而造成人员伤亡事故。

防治措施：斜巷人行车每班运行前必须进行手动落闸、抱闸试验，并按照试验要求进行。

第三节 平巷运输

1. 平巷人行车不在规定位置停车(有安全措施的除外)

危害分析：平巷人行车不在规定位置停车，会造成乘车人员乘车秩序混乱，会导致人行车运输事故和乘车人员伤害事故的发生。架线机车牵引的平巷人行车在规定上下人停车点都安装架线自动断电装置，做到上下人停车区域内架线无电，保证乘车人员安全上下；平巷人行车如不在规定位置停车，就不能做到上下人停车区域内架线无电，会造成架线触电事故的发生。

防治措施：(1) 平巷人行车必须在规定位置停车(有安全措施的除外)。(2) 人员乘坐平巷人行车在规定的停车点候车，乘车人员按照乘车秩序排队上下。

2. 平巷人行车加挂其他车辆

危害分析：平巷人行车是运送人员的专用车辆，若加挂其他车辆，对乘车人员有可能造成伤害。

防治措施：严格按照平巷人行车管理规定执行，平巷人行车必须专列运送人员，严禁加挂其他车辆。

3. 大巷运输中，矿车未连接顶车运行

危害分析：大巷运输中，矿车未连接顶车运行，容易出现车辆跑出伤人或意外事故。

防治措施：(1) 大巷运输中，矿车未连接严禁顶车运行。(2) 大巷运输中，矿车必须连接好，并用阻车器阻好，防止车辆跑出发生意外。

4. 平巷运输超重、超高、超长、超宽“四超”件，没有安全措施或不按措施强行运输

危害分析：运输“四超”件车辆捆绑不合格，就会造成运行中物体掉落、车辆重心偏斜翻车现象，发生对行人的伤害事故。

防治措施：运输“四超”件车辆应制定安全措施，并按措施运输，必须使用强度试验合格的特制连接装置；运输“四超”件车辆捆绑牢靠，符合要求，确保运行安全。

5. 人体及所携带的工具、零部件露出车外

危害分析：人体及所携带的工具、零部件露出车外，在车辆运行中容易被巷道中的杂物或其他车辆碰伤。

防治措施：乘车人员必须做到身体的任何部位和所携带的工具、零部件不能露出车外，关好车门或挂好防护链。

6. 运输大巷私自搬道岔或搬错道岔

危害分析：运输大巷私自搬道岔或搬错道岔，容易引发运输车辆误入不该驶入的区域，可能导致意外事故发生。

防治措施：(1) 运输大巷严禁私自搬道岔或搬错道岔。(2) 运输大巷必须按规定搬道岔，搬好道岔后要进行安全确认，确认无误后车辆方可通行。

7. 平巷车场停放的矿车超过警戒标

危害分析：平巷车场停放的矿车超过警戒标，容易出现两列车错车时发生刮碰，引发意外安全事故。

防治措施：车场停放车辆不能超过警戒标，车辆停稳后两头要用阻车器阻好，停放车辆与主道行使车辆间要有足够的安全距离。

8. 平巷用车顶撞风门

危害分析：用车顶撞风门，容易造成风门损坏，有可能造成通风系统不完善或通风事故的发生；用车顶撞风门还可能撞击风门处的人员，造成人员伤亡事故。

防治措施：(1) 平巷严禁用车顶撞风门。(2) 车辆过风门时，应减速鸣笛吹哨警示，并过一道风门打开一道风门，严禁用车顶撞风门。

第四节 人力推车

1. 在坡度超过7‰的巷道人工推车

危害分析：当坡度大于7‰时，由于人力很难控制住矿车，容易造成人员伤亡事故。

防治措施：(1) 严禁在坡度超过7‰的巷道人工推车。(2) 坡度超过7‰的巷道应按斜巷运输管理，使用斜巷运输设备运送车辆。

2. 一次推多辆车，在矿车两侧推车，在轨道坡度大于5‰时，推车间距小于10 m；坡度大于5‰时，推车间距小于30 m

危害分析：井下人力推车只能从后面推，因为侧面的一侧距巷壁很近，脚下又可能有杂物，不便推车；另一侧的另一条轨道上会有来往车辆也不安全，不宜推车；前面更不能拉车，以防下坡摔倒，被车碰伤。另外，由于车厢宽度限制站不开更多的人，推车时还得闪开碰头，碰头又遮住视线，看不清脚下，所以推车的力量受到了很大限制，一旦前方有特殊情况，需要立即停车，如正赶上坡度大时，推车的几个人是很难使

矿车立即停下的。如果坡度为5‰以下，推车间距不小于10 m，推车还可以；在坡度大于5‰时，推车间距小于30 m，就有两车相撞的危险。

防治措施：一次只准推一辆车。严禁在矿车两侧推车。同向推车，在轨道坡度小于或者等于5‰时，推车间距不得小于10 m；坡度大于5‰时，推车间距不得小于30 m。

3. 平巷推车不瞭望

危害分析：推车时必须时刻注意前方，以便及时发现前方的人或障碍物。若不瞭望，容易出现伤害车前方人员事故。

防治措施：(1) 平巷推车必须瞭望。(2) 平巷推车要集中精力，全神贯注，注意瞭望前方情况。一旦出现车前方有人员或车辆等紧急情况，必须立即停止推车。

4. 人力推车时，从坡度较大的地方推车以及接近道岔、弯道、巷道口、风门、硐室出口时，推车人未及时发出警号

危害分析：从坡度较大的地方向下推车，不容易使车立即停下，在接近道岔、弯道、巷道口、风门、硐室出口等地时，由于视线受阻，对于突然出来的人或车，互相看不见，容易发生车辆碰伤人事故。

防治措施：(1) 人力推车时，从坡度较大的地方推车以及接近道岔、弯道、巷道口、风门、硐室出口时，推车人必须及时发出警号。(2) 在特殊地点推车，一定要注意周围的人员活动情况，车辆到达在这些特殊地点前必须发出警号，警示周围人员注意行走安全。

5. 人力推车时，放飞车

危害分析：下坡放飞车是一种毫不顾及安全的违章行为。车速越来越快，人离车越来越远，人既追不上车，也无法向车前方的人发出警号。由于车速太快，前方人员发现有车也来不及躲避，容易造成人员伤亡。

防治措施：(1) 人力推车时，严禁放飞车。(2) 人力推车时，要特别注意安全。在坡度较大的地段向下推车时，尤其要很好地把握速度，防止速度过快。

6. 在能自动滑行的坡道上停放车辆，不用可靠的制动器或者阻车器将车辆稳住

危害分析：在能自动滑行的坡道上停放车辆，不用可靠的制动器或者阻车器将车辆稳住，容易发生跑车事故。

防治措施：不得在能自动滑行的坡道上停放车辆，确需停放时必须用可靠的制动器或者阻车器将车辆稳住。

第五节 电机(瓶)车司机岗位

1. 电机(瓶)车无照明开车或超速开车

危害分析：电机(瓶)车无照明开车，司机看不清前方，行人看不到机车。司机超速开车，遇到紧急情况不能及时停车。这两种情况都会发生机车撞人、撞车等意外事故。

防治措施：(1) 严禁电机(瓶)车无照明开车或超速开车。(2) 电机(瓶)车司机按操作规程作业，无照明或照明不清的不开车，并按规定的速度开车。

2. 电机(瓶)车灯、铃、闸、棚、撒沙等装置不全开车

危害分析：电机(瓶)车灯不全开车，司机看不清前方，行人看不到机车；车铃不全不能警示行人，特别是在复杂地段、人车上下地点；车闸不全，不能有效地制动机车，遇到紧急情况不能及时刹车制动；车棚不全，一日遇到顶板冒落或其他意外情况，不能有效地保护司机；司机正常行驶，遇到紧急情况需要制动时，如果撒沙装置不全，不能有效地增加机车车轮与钢轨的摩擦阻力，造成制动不及时。以上这些情况都会发生机车撞人、撞车等伤亡事故。

防治措施：司机应做到先检查后开车，按操作规程作业，电机(瓶)车灯、铃、闸、棚、撒沙等装置不全的不能开车。

3. 司机离开电机(瓶)车时没有取下操作手把、未扳紧车闸

危害分析：司机离开电机(瓶)车没有取下操作手把、未扳紧车闸，就会留给他人随意操作电机(瓶)车的机会，未经过培训的人员一旦操作电机(瓶)车,就会造成电机(瓶)车运输事故的发生。司机离开座位后,在机车无人控制的情况下,必须切断电源,取下操作把手、扳紧车闸,以防机车自动滑行和避免他人随意开动机车;并应打开车灯,发出此处有机车存在的信号,以引起行车和行人的注意,避免发生意外事故。

防治措施:机车司机严格按照操作规程作业,司机离开电机(瓶)车必须取下操作手把,扳紧车闸。

4. 电机(瓶)车连接销子不合格

危害分析:如果连接销子不合格,就会出现销子断裂、脱落等现象,电机(瓶)车在运行过程中发生列车脱钩,撞击人员、车辆,造成运输伤亡事故。

防治措施:司机应做到先检查后开车,按操作规程作业,电机(瓶)车必须使用合格的连接销子。

5. 电机(瓶)车司机在车辆运行过程中将头、手、工具等伸出车外

危害分析:电机(瓶)车司机在车辆运行过程中将头、手、工具等伸出车外的,会造成头和身体其他部分被另一道的车辆或巷道中的其他物体刮伤,严重的甚至会造成人员死亡;工具碰到巷道及其他物体时,也有可能造成司机伤亡。机车在运行中，严禁司机将头或身体其他部分探出车外，这是对司机自身安全的一种保护。当司机身体的任何部位超出机车空间范围后，都存在与来往车辆以及巷道中吊挂的风（水）管线、电缆、锚栓等巷壁突出部分碰撞的危险。

防治措施：电机（瓶）车司机必须按操作规程作业，在车辆运行过程中严禁将头、手、工具等伸出车外。

6. 电机（瓶）车行近巷道口、硐室口、弯道、道岔或噪声大等地段以及前有车辆或行人时，司机不鸣笛、不减速

危害分析：电机（瓶）车行近巷道口、硐室口、弯道、道岔或噪声大等地段以及前有车辆或行人时，若司机不鸣笛、不减速，这些地点的行人在不知道机车行驶的情况下没有采取安全避让措施，由于车速快，不能及时制动刹车，会造成意外伤亡事故。

防治措施：电机（瓶）车行近巷道口、硐室口、弯道、道岔或噪声大等地段以及前有车辆或行人时，必须鸣笛、减速。

7. 电机（瓶）车司机在运输线路上临时停车时，关闭车灯

危害分析：电机（瓶）车司机在运输线路上临时停车时关闭车灯，不能引起行车和行人的注意，极易发生意外事故。

防治措施：电机（瓶）车司机在运输线路上临时停车时，不得关闭车灯。

第六节　带式输送机司机岗位

1. 在带式输送机主、副滚筒 5 m 范围内剁胶带接头

危害分析：在带式输送机主、副滚筒 5 m 范围内剁胶带接头，由于施工地点与带式输送机主、副滚筒距离较短，施工时容易导致人员误入带式输送机主、副滚筒运转范围内，造成带式输送机挤伤或碰伤人事故。

防治措施：（1）严禁在带式输送机主、副滚筒 5 m 范围内剁胶带接头。（2）针对带式输送机的胶带剁接头施工，应制定专项施工措施，应在带式输送机主、副滚筒 5 m 范围以外的地点作业，并严格按照措施施工。

2. 带式输送机运转时更换托辊

危害分析：在带式输送机运转时更换托辊，运转的胶带容易对作业人员造成伤害。

防治措施：(1) 严禁在带式输送机运转时更换托辊。(2) 更换带式输送机托辊作业，应与带式输送机司机联系并交接清楚，带式输送机必须处于停止运行状态，并把控制开关闭锁打在停止状态，悬挂停电牌。

3. 带式输送机防跑偏使用木料、铁管等不转动物体

危害分析：带式输送机防跑偏使用木料、铁管等不转动物体，胶带在运行中与这些不转动物体产生摩擦，会造成胶带损坏或摩擦起热发生火灾事故。

防治措施：(1) 带式输送机防跑偏严禁使用木料、铁管等不转动物体。(2) 带式输送机防跑偏必须使用合格的防跑偏托辊。

4. 带式输送机综合保护及消防设施不全或失效仍开车

危害分析：带式输送机综合保护及消防设施不全或失效仍强行开车的，当带式输送机出现故障、满仓、运行胶带打滑、胶带冒烟起火等事故灾情时，不能及时预报和自动停车，也不能使用有效的消防设施进行现场消防作业，从而扩大事故灾情。

防治措施：(1) 带式输送机综合保护及消防设施不全或失效的，严禁开车。(2) 带式输送机司机严格按照操作规程作业，做到先检查后工作，综合保护及消防设施不全或失效的不能开车。

5. 人员跨越带式输送机不走过桥

危害分析：行人越过带式输送机时，应从过桥上通行，不能直接跨越。因为输送机胶带较宽，一般在 0.8 m 以上，还有 1.0 m、1.2 m 和 1.4 m 宽的，要想从输送机上跨过去，就要脚踩在输送机的纵梁上，胶带边缘距纵梁还有 0.2 m 左右的高度，胶带在高速运行，又承载着煤炭，要想一步跨过去很困难，被胶带拉倒刮伤的危险很大。过带式输送机不走过桥，而是跨带式输送机行走，会造成带式输送机伤人事故。

防治措施：人员跨越带式输送机必须走过桥。

6. 开关未打闭锁而在停止运转的带式输送机上行走

危害分析：在停止运转的带式输送机上行走时，开关未打闭锁可能造成误开动带式输送机，极易引发伤人事故。

防治措施：(1) 开关未打闭锁时，严禁在停止运转的带式输送机上行走。(2) 在停止运转的带式输送机上行走时，必须先将开关打闭锁。

7. 带式输送机司机衣服的袖口、裤腿、衣襟未扎紧

危害分析：滚筒驱动的带式输送机运行时，机头的驱动滚筒、导向滚筒和机尾滚筒都在胶带的围抱下转动，人体或其他物品接触胶带，很容易被带进滚筒，被胶带和滚筒碾压。司机衣服的袖口、裤腿、衣襟未扎紧，容易被带式输送机运转部位刮住或卷住，造成人身伤害事故。

防治措施：司机要穿戴好劳动保护用品，尤其在带式输送机运转地点作业时，必须将衣服的袖口、裤腿、衣襟扎紧。

8. 带式输送机司机直接用手去拨弄托辊

危害分析：带式输送机司机直接用手去拨弄托辊，容易造成手被运转的托辊刮伤挤伤。

防治措施：(1) 严禁带式输送机司机直接用手去拨弄托辊。(2) 按照操作规程操作带式输送机，不准随便摸碰带式输送机运转部位，避免受到机械伤害。

9. 带式输送机运行中，用铁锹或其他工具刮除黏在机尾滚筒上的煤泥

危害分析：滚筒驱动的带式输送机运行时，机尾的驱动滚筒、导向滚筒和机尾滚筒都在胶带的围抱下转动，人体或其他物品接触胶带，很快便被带进滚筒，被胶带和滚筒碾压。用铁锹或其他工具刮除黏在运转滚筒上的煤泥，滚筒会刮碰铁锹，容易造成人身伤害事故；或者铁锹卷入滚筒造成损坏胶带事故。

防治措施：(1) 带式输送机运行中，严禁用铁锹或其他工具刮除黏在机尾滚筒上的煤泥。(2) 必须在带式输送机停止运行并停电打闭锁后，方可清理黏在机尾滚筒上的煤泥。

10. 延伸皮带时，人员在移动设备及平台两侧作业、逗留或通过(不移动，调整设备位置的除外)

危害分析：延伸胶带时，人员在移动设备及平台两侧作业、逗留或通过，容易造成设备挤伤或碰伤人事故。

防治措施：延伸胶带时，人员严禁在移动设备及平台两侧作业、逗留或通过。

第七节　刮板输送机司机岗位

1. 开关未打闭锁而在停止运转的刮板输送机上行走

危害分析：在停止运转的刮板输送机上行走时，开关未打闭锁可能造成其他人员误开动刮板输送机，引发伤人事故。

防治措施：(1) 开关未打闭锁时，严禁在停止运转的刮板输送机上行走。(2) 在停止运转的刮板输送机上行走时，必须先停电将开关打闭锁。

2. 工作面在打眼、装药、过人、递物料时启动刮板输送机

危害分析：工作面在打眼、装药、过人、递物料时，作业人员的脚常常会站在刮板输送机内，此时启动刮板输送机，极容易发生挤伤人事故。

防治措施：工作面在打眼、装药、过人、递物料时，刮板输送机应停止运行，并停电将开关打闭锁。

3. 工作面刮板输送机沿线未安设能发出停车或开车信号的装置

危害分析：采煤机上装有能停止输送机运行的装置，这还不够，因为此装置只能顾及采煤机附近，当工作面其他部位出现异常情况时，不能立即通知刮板输送机控制人员，很容易造成事故，因此要求在采煤工作面刮板输送机沿线安设能发出停止、启动信号的装置。若不安装停车或开车信号装置，当工作面出现紧急情况时，无法停止刮板输送机运转，可能引发伤人事故或安全事故。

防治措施：工作面刮板输送机沿线必须安设能发出停车或开车信号的装置，发出信号点的间距不得超过 15 m。

4. 刮板输送机机槽接口不平稳，机头、机尾固定不牢靠

危害分析：刮板输送机机槽接口不平稳，会使刮板输送机中间槽之间错口而发生断链或底链脱槽事故；刮板输送机机头、机尾固定不牢靠，容易引发拉翻机头、机尾事故，带来的危害极大。

防治措施：(1) 刮板输送机机槽接口必须平稳，机头、机尾固定必须牢靠。(2) 开机前应检查刮板输送机机头、机尾固定装置是否牢靠，检查机槽有无错位。发现问题及时处理，杜绝输送机带病工作。

5. 刮板输送机缺刮板、刮板螺丝掉一头、弯刮板不及时更换

危害分析：刮板输送机缺刮板、刮板螺丝掉一头、弯刮板不及时更换，都容易引发刮板输送机机械事故，轻者损坏设备，严重者使生产中断，造成生产安全事故。

防治措施：(1) 对于刮板输送机缺刮板、刮板螺丝掉一头、弯刮板，必须及时更换。(2) 开车前应检查刮板、连接螺栓是否齐全完好，出现不完好部件应及时处理，确保刮板输送机正常运转。

6. 刮板输送机、转载机搭接不合理，造成拉回头煤

危害分析：拉回头煤使刮板输送机底槽刮板在运行中负荷增大，同时也增加了刮板输送机整机负荷，容易发生机械事故。

防治措施：(1) 刮板输送机、转载机搭接必须合理，不准拉回头煤。(2) 工作面刮板输送机要与转载机合理搭接。一般工作面机头与转载机搭接处高度应不小于 0.3 m，综采工作面应不小于 0.5 m。

第八节　小绞车司机岗位

1. 小绞车司机违反“六不开”规定开车

危害分析：小绞车司机违反“六不开”规定开车，极易发生运输巷道内运输事故，造成人员伤亡。

防治措施：(1) 小绞车司机必须严格执行“六不开”规定。(2) 小绞车司机严格执行操作规程和“六不开”规定。“六不开”的内容是：绞车不完好不开，钢丝绳不合格不开，安全设施及信号不齐全不开，超挂车不开，信号不清不开。

2. 小绞车斜巷开车时行人或行人时开车

危害分析：小绞车斜巷开车时行人或行人时开车，车辆在运行中一旦发生脱钩、断绳等跑车事故或其他意外，就会造成斜巷人员伤亡事故。

防治措施：(1) 严禁小绞车斜巷开车时行人或行人时开车。(2) 在小绞车斜巷中，要严格执行“行车不行人，行人不行车”规定。

3. 斜巷小绞车不带电松车

危害分析：斜巷小绞车不带电松车，司机不能控制绞车速度，造成小绞车和车辆失去控制，易发生车辆跑车、钢丝绳断裂、滚筒上钢丝绳松裹人等运输事故。

防治措施：(1) 斜巷严禁小绞车不带电松车。(2) 司机要按操作规程作业，下运车辆时，小绞车必须带电松车。

4. 小绞车司机操作期间离开操作台或司机在操作过程中换人

危害分析：小绞车司机操作期间离开操作台或司机在操作过程中换人的，会发生小绞车失去控制或绞车操作不稳，造成车辆运行不稳定、车辆跑车事故，甚至造成人员伤亡事故。

防治措施：(1) 严禁小绞车司机操作期间离开操作台或司机在操作过程中换人。(2) 小绞车司机操作期间要坚守岗位、集中精力、听清信号，按操作规程作业。

5. 小绞车护身板打倒反向拉车，或用空钩头拖拉物料

危害分析：小绞车护身板打倒反向拉车，司机操作站在不安全地点进行，操作不方便、不安全；护身板打倒后无防护设施，就会发生钢丝绳裹人等运输伤亡事故。用空钩头拖拉物料，容易拉坏轨道枕木和轨道构件，或物料遇到阻碍，易拉断钢丝绳，对周围人员可能造成伤亡事故。

防治措施：小绞车司机要按操作规程作业，不得打倒护身板进行反向拉车作业，不得用空钩头拖拉物料。

6. 小绞车司机一手开车、一手处理钢丝绳

危害分析：小绞车司机一手开车、一手处理钢丝绳，就会发生在处理钢丝绳过程中手或身体卷入小绞车滚筒伤人事故，也会造成小绞车失控、车辆下滑的运输事故。

防治措施：(1) 严禁小绞车司机一手开车、一手处理钢丝绳。(2) 小绞车司机要按照操作规程作业，集中精力，两手不能离开闸把。处理钢丝绳必须停车，按规定作业。

7. 用小绞车拉空钩头时无人牵引

危害分析：用小绞车拉空钩头时无人牵引，容易造成空钩头在运行中刮倒、拉坏设施、设备及巷道支护，造成运输事故的发生。

防治措施：(1) 严禁用小绞车拉空钩头时无人牵引。(2) 严格执行斜巷运输管理规定，小绞车拉空钩头运行应有人牵引。

8. 轨道斜巷运行时，小绞车司机与挂钩工相互兼任

危害分析：轨道斜巷运行时，如果小绞车司机与挂钩工相互兼任，在挂钩推车操作时，小绞车无人操作，一旦车辆进入斜巷，容易造成断绳和斜巷跑车事故。

防治措施：(1) 轨道斜巷运行时，严禁小绞车司机与挂钩工相互兼任。(2) 斜巷运输作业时，小绞车司机和挂钩工严格按照各自工种的操作规程作业，严禁小绞车司机与挂钩工相互兼任。

9. 小绞车运行前不认真检查，或运行中出现异常不及时采取措施处理

危害分析：小绞车运行前不认真检查，对小绞车状态不了解，就有可能使小绞车带病运转、小绞车基础不牢固、钢丝绳及钩头不完好，一旦小绞车运行，车辆进入斜巷，就会造成斜巷运输事故和小绞车伤人事故的发生。运行中出现异常不及时采取措施处理，同样会造成斜巷运输事故和绞车伤人事故。

防治措施：(1) 小绞车运行前必须认真检查，运行中出现异常时必须及时采取措施处理。(2) 小绞车司机严格按照操作规程作业，做到先检查后工作，绞车运行前认真检查，运行中出现异常时要及时停车，采取措施处理。

第九节　信号把钩工岗位

1. 把钩工违反“六不挂”规定挂钩

危害分析：把钩工违反“六不挂”规定挂钩，极易造成运输巷道内运输事故的发生，或引发人员伤亡事故。

防治措施：把钩工必须严格执行操作规程和“六不挂”规定挂钩。“六不挂”的内容是：安全设施不齐全、不可靠不挂，信号联系不清不挂，“四超”车辆无措施不挂，物料装车不合格不挂，连接装置不合格不挂，斜巷内有行人不挂。

2. 斜巷运输不按规定使用“一坡三挡”安全设施，或在安全设施不齐全、不完好时运输

危害分析：斜巷运输不按规定使用“一坡三挡”安全设施，或在安全设施不齐全、不完好时运输，车辆在运行中容易发生跑车事故或其他意外事故，还会造成斜巷运输人员伤亡事故。

防治措施：(1) 斜巷运输必须按规定使用“一坡三挡”安全设施，安全设施不齐全、不完好时严禁运输。(2) 斜巷运输工作前，应对安全设施进行检查，在安全设施齐全可靠完好的情况下按规定作业。

3. 斜巷运输不按规定使用合格保险绳、钩头、D形连接环连接

危害分析：斜巷运输中如果不按规定使用合格的保险绳、钩头、D形连接环连接，车辆在运行中就会因保险绳、钩头、D形连接环连接质量问题发生斜巷脱钩跑车事故，造成斜巷运输人员伤亡事故。

防治措施：(1) 斜巷运输严格按照规定使用合格保险绳、钩头、D

形连接环连接。(2) 斜巷运输工作前,应对保险绳、钩头、D 形连接环连接进行检查,确认无问题后方可使用,并按规定使用。

4. 在斜巷中摘挂钩、装卸料时不采取安全措施

危害分析:在斜巷中摘挂钩、装卸料时不采取安全措施,在施工过程中一旦发生车辆下滑,对施工人员和巷道中的其他人员造成伤害或伤亡事故。

防治措施:在斜巷中摘挂钩、装卸料施工必须制定专项安全措施,确保在安全的前提下施工,并严格按照安全措施执行。

5. 斜巷人行车运行时,上、下平台缺少把钩人员

危害分析:斜巷人行车运行时,上、下平台无把钩人员,人行车无控制地进入斜巷,会导致斜巷既行车又行人的情况。车辆在运行中一旦发生脱钩跑车或其他意外,就会造成斜巷运输伤亡事故。

防治措施:斜巷人行车运行时,上、下平台必须有把钩人员,并且严格按照操作规程作业。

6. 在矿车运行过程中摘挂钩

危害分析:在矿车运行过程中,矿车钩头是随矿车运动的,而不是静止的,在这种情况下摘挂钩,操作者的手、脚、头等身体部位有可能被运动的矿车撞击,造成挤手、压脚、撞击头部等伤害事故;也有可能被周围的物体碰伤。

防治措施:(1) 在矿车运行过程中严禁摘挂钩。(2) 把钩工要做到先检查后工作,按操作规程作业,矿车停在安全可靠的摘挂钩地点后方可进行摘挂钩作业。

7. 在斜巷下车场用主钩头带车

危害分析:在斜巷下车场用主钩头带车,会导致所带车辆进入斜巷,在钩头和保险绳未连接完好、车辆中物件捆绑不牢靠或超挂车等情况下运行,就会造成斜巷运输事故。

防治措施:把钩工要严格按照操作规程作业,在下车场不得使用主钩头带车。

8. 副井上口把钩工对下井的设备把关不严,设备没有入井证下井

危害分析:副井上口把钩工对下井的设备把关不严,造成不合格设备下井,不合格设备使用中对井下的安全生产造成危害,甚至造成人员伤亡。设备没有入井证下井,同样会造成不合格设备下井,引发意外事故。

防治措施:副井上口把钩工对下井的设备把关必须严格,没有入井证的设备不得入井。

第七章

“一通三防”作业常见“三违”行为危害分析与防治

异常通风夺人命，
风流短路患门迎。
监测监控不给力，
意外风险难把控。
综合防突不缺位，
突出征兆人先行。
防火铁律须谨记，
灾害面前如浮萍。
瓦斯超限生大患，
一风吹散几魂灵。
综合防尘多健安，
无限福祉无限情。

第一节 矿井通风管理

1. 作业地点风量不足仍组织生产、作业

危害分析：作业地点风量不足，极易造成有害气体、粉尘浓度超限、氧气浓度降低，这时组织生产、作业则严重威胁作业人员的人身安全。

防治措施：(1) 作业地点风量不足的严禁组织生产、作业。(2) 保证作业地点的风量符合《煤矿安全规程》规定，有害气体不超标。当风量不足时，应停止作业，撤出人员，查找原因，重新配风、调风，风量满足要求后再进行作业。

作业地点风量不足仍组织生产、作业，危害极大

2. 一个矿井同时回采的采煤工作面超过3个，煤(半煤岩)巷掘进工作面超过9个

危害分析：矿井、采区超能力生产，作业地点风量不足，瓦斯等有害气体、煤尘浓度超限，易诱发瓦斯、煤尘爆炸和人员窒息、中毒等安全事故。

防治措施：(1) 一个矿井同时回采的采煤工作面不得超过3个，煤(半煤岩)巷掘进工作面不得超过9个，严禁以掘代采，严禁超能力、超强度、超定员组织生产。(2) 合理布置采掘工作面，确保采掘工作面布置符合《煤矿安全规程》等相关规定。

3. 矿井没有完整、独立的通风系统，生产水平和采(盘)区未实行分区通风，采、掘工作面、采区变电所及实现采区变电所功能的中央变电所未实现独立通风，采区进、回风巷未贯穿整个采区，矿井通风系统不合理、不可靠生产作业的

危害分析：调风系统不可靠、不稳定，极易造成不符合规定的串联通风、矿井抗灾能力差，潜在危害极大，极易发生瓦斯、煤尘、人员窒息、中毒等生产安全事故。

防治措施：保证矿井有完整、独立的通风系统。采、掘工作面应当实行独立通风；生产水平和采(盘)区必须实行分区通风；采区变电所及实现采区变电所功能的中央变电所必须有独立的通风系统；采区进、回风巷必须贯穿整个采区，严禁一段为进风巷、一段为回风巷。

4. 未及时报告通风方面重大隐患

危害分析：未及时报告通风方面重大隐患，使通风隐患得不到及时有效处理，极易发生安全事故。

防治措施：发现事故隐患或者其他不安全因素，应当立即向现场安全生产管理人员或者本单位负责人报告；接到报告的人员应当及时予以处理。

5. 无风、微风或是停风区域内作业

危害分析：无风、微风或是停风区域内瓦斯等有害气体浓度高、氧气浓度低，极易造成人员窒息、中毒等事故。

防治措施：根据需要及时测风，井下不得有无风、微风或是停风区域；严禁在停风或者瓦斯超限的区域内作业。

6. 小绞车拉矿车过风门、防爆无轨胶轮车过风门时，两道风门同时打开

危害分析：小绞车拉矿车过风门、防爆无轨胶轮车过风门时，两道风门同时打开，造成风流短路，通风系统紊乱，引发事故。

防治措施：小绞车拉矿车过风门、防爆无轨胶轮车过风门时，严禁两道风门同时打开，通过一道风门后及时将其关闭，再打开另一道风门，通过后将其关闭。

7. 主要通风机、局部通风机无计划停风或任意开停；临时停工地点不设置栅栏、警示标志

危害分析：主要通风机、局部通风机无计划停风或任意开停，容易造成瓦斯超限，极易发生瓦斯事故；临时停工地点内巷道、风筒得不到及时维护，瓦斯等有害气体可能超限或风量不足；不设置栅栏、警示标志，人员误入后易发生中毒、窒息等安全事故。

防治措施：矿井必须有因停电和检修主要通风机停止运转或者通风系统遭到破坏以后恢复通风、排除瓦斯和送电的安全措施。使用局部通风机通风的掘进工作面，不得停风；因检修、停电、故障等原因停风时，必须将人员全部撤至全风压进风流处，切断电源，设置栅栏、警示标志，禁止人员入内。临时停工的地点，不得停风；否则必须切断电源，设置栅栏、警标，禁止人员进入，并向矿调度室报告。

8. 维修一道风门时，另一道风门未挂警示牌或没有设专人看管

危害分析：维修一道风门时，若另一道风门未挂警示牌或未有专人看管，容易使两道风门同时被打开，造成风流短路，引发通风事故。

防治措施：维修风门时，要有安全技术措施，并设专人看管风门。

9. 两道风门不联锁导致两道风门同时打开

危害分析：两道风门不联锁导致两道风门同时打开，极易引发风流短路；矿井抗灾能力差，潜在危害极大，极易发生瓦斯、煤尘、人员窒息、中毒等安全事故。

防治措施：进、回风井之间和主要进、回风巷之间的每条联络巷中，必须砌筑永久性风墙；需要使用的联络巷，必须安设 2 道联锁的正向风门和 2 道反向风门。主要风门应当设置风门开关传感器，当 2 道风门同时打开时，发出声光报警信号。

10. 调节、控制风流(风量)的风门、风窗不可靠,采取临时措施代替

危害分析:通风设施不可靠,矿井抗灾能力差,极易损坏,导致起不到隔断风流、调节风量的目的,容易造成风流短路。

防治措施:控制风流的风门、风窗等设施必须可靠,不能采取临时措施代替。

11. 通风设施周围 5 m 范围内和风门之间存放物料、电气设备(正在使用的接线盒除外)、车辆或作为工具房

危害分析:通风设施之间或前后 5 m 范围内存放物料、设备、车辆,设工具房,不利于通风设施的使用和管理,造成风门开关不灵敏,甚至造成挤人等人身伤害。

防治措施:通风设施周围 5 m 范围内应保持整洁卫生,无杂物、积水、淤泥,巷道支护完好,不存放物料、电气设备(正在使用的接线盒除外)、车辆,不能将其作为工具房用。

12. 局部通风机未指定人员负责管理,局部通风机及风筒的安装使用不符合规定

危害分析:若局部通风机未指定人员负责管理,局部通风机及风筒的安装使用不符合规定，就不能保证局部通风机正常运行、不能保证供风地点风量充足，容易产生循环风，引发事故。

防治措施：局部通风机由指定人员负责管理。安装和使用局部通风机和风筒时，必须符合《煤矿安全规程》规定。

13. 未按规定进行风量测定

危害分析：矿井风量受地面大气压，井下巷道状况变化，采、掘工作面推进、增减、变更，通风系统调整等因素影响而不断变化。不按规定进行风量测定，就不能及时发现风量不足等问题，甚至引发通风事故。

防治措施：矿井必须建立测风制度，每 10 天至少进行 1 次全面测风。对采掘工作面和其他用风地点，应当根据实际需要随时测风，每次测风结果应当记录并写在测风地点的记录牌上。应当根据测风结果采取措施，进行风量调节。

第二节 监测监控管理

1. 矿井安全监测监控系统中一个及以上分站或全矿监测监控系统运行不正常，在相关区域强行生产

危害分析：安全监控系统着眼于防范，对生产作业现场的环境实现全过程的实时监测，是预防通风事故的重要保障措施。如果监控系统运行不正常仍强行生产，就不能及时发现生产过程中出现的通风隐患，极易造成瓦斯、火灾等安全事故。

防治措施：安全监控设备发生故障时，必须及时处理；故障处理期间必须采用人工监测等安全措施，并填写故障记录。

2. 入井人员携带仪器、仪表不合格或不按操作规程规定(仪器、仪表使用说明)操作

危害分析：入井人员携带的仪器、仪表不合格，或不按规定(仪器、仪表使用说明)操作，不能准确检测风量、瓦斯浓度等通风安全参数，易造成通风隐患不能被及时发现、处理，容易引发通风事故。

防治措施：矿井必须有足够数量的通风安全检测仪表。仪表必须由具备相应资质的检验单位进行检验。入井人员必须携带经检验合格仪器、仪表，并严格按照操作规程（仪器、仪表使用说明）进行正规操作。

3. 瓦斯检查工不在与检查地点温度相近的新鲜风流中校正仪器，瓦斯检查工携带的仪器、仪表损坏后不及时汇报、不更换仍然使用

危害分析：不按规定校正仪器或使用损坏的仪器、仪表检测瓦斯等通防安全数据，数据不准确，不能如实反映现场实际情况，通风隐患不能被及时发现，易引发通风事故。

防治措施：瓦斯检查工在检查瓦斯前，应先在与检查地点温度相近的新鲜风流中校正仪器，然后再对工作地点的瓦斯浓度进行检查。瓦斯检查工携带的仪器、仪表损坏后，应及时汇报，并更换完好的仪器仪表。

4. 甲烷传感器挪移不及时

危害分析：甲烷传感器挪移不及时，极易造成甲烷传感器不能发挥作用，不能如实检测现场甲烷浓度，易引发通风事故。

防治措施：及时挪移甲烷传感器，确保甲烷传感器发挥作用。甲烷传感器（便携仪）的设置地点，报警、断电、复电浓度和断电范围必须符合《煤矿安全规程》要求。

5. 传感器失灵、断线不及时维修处理

危害分析：传感器失灵、断线等问题，造成传感器不能连续、准确监测，起不到安全监控作用，易引发通风事故。

防治措施：安全监控设备发生故障时，必须及时处理；故障处理期间必须采用人工监测等安全措施，并填写故障记录。

6. 甲烷传感器未定期校对，或误差超过规定未及时汇报处理

危害分析：甲烷传感器未定期校对或误差超过规定未及时汇报处理，极易造成甲烷传感器损坏或不能发挥作用，监测误差超过规定，甲烷传感器就不能如实检测现场瓦斯浓度，易引发通风事故。

防治措施：安全监控设备必须定期调校、测试，每月至少 1 次。采用载体催化元件的甲烷传感器必须使用校准气样和空气气样在设备设置地点调校，便携式甲烷检测报警仪在仪器维修室调校，每 15 天至少 1 次。甲烷电闭锁和风电闭锁功能每 15 天至少测试 1 次。可能造成局部通风机停电的，每半年测试 1 次。安全监控设备发生故障时，必须及时处理，故障处理期间必须采用人工监测等安全措施，并填写故障记录。

第三节　煤与瓦斯突出管理

1. 有煤与瓦斯突出危险的采、掘工作面，未执行综合防突措施或执行不到位

危害分析：开采有煤与瓦斯突出危险的采、掘工作面，必须严格执行“四位一体”综合防突措施。不执行综合防突措施或执行不到位的，煤与瓦斯的突出危险性不能及时、有效排除，极易造成煤与瓦斯突出事故。

防治措施：在有煤与瓦斯突出危险区域进行采、掘活动时，必须制定综合防突措施，并认真执行到位。

违章作业

2. 发现有突出征兆，不及时撤离，强行作业

危害分析：当发生煤与瓦斯突出时，大量的煤与瓦斯将从煤层内部以极快的速度涌入巷道或采掘空间，充塞巷道，伴随有强大的冲击力，摧毁巷道设施，破坏通风系统，甚至发生风流逆转，极易造成人员窒息和发生瓦斯爆炸、燃烧及煤流埋人事故。

防治措施：当发现井下有突出征兆时，应立即撤出所有人员，并立即报告调度室。

3. 有突出危险的采煤工作面未提前进行瓦斯抽采，强行生产

危害分析：瓦斯抽采是从源头治理瓦斯危害的治本措施，有突出危险的采煤工作面生产前不提前进行瓦斯抽采或抽采指标达不到规定的，极易造成瓦斯超限和煤与瓦斯突出等事故。

防治措施：凡有瓦斯突出危险的采煤工作面，在回采前必须进行瓦斯抽采。

4. 已建立瓦斯抽放系统的采、掘工作面未按规定实施抽采瓦斯而安排生产

危害分析：瓦斯抽采是从源头治理瓦斯危害的治本措施，采、掘工作面不按规定抽采瓦斯而安排生产，生产过程中瓦斯涌出量增加，容易出现瓦斯超限，引发瓦斯突出事故。

防治措施：已建立瓦斯抽采系统的采、掘工作面，应先实施抽采瓦斯，抽采达标后再组织生产。

5. 突出危险工作面随意停压风

危害分析：压风自救是综合防突措施中的安全防护措施，是防突装备之一。工作面无措施停压风，致使压风自救装备无效，若此时发生煤与瓦斯突出事故，将会造成作业人员窒息伤亡事故。

防治措施：在有突出危险的工作面，安设压风管路，并保持不间断的供风状态。

6. 高突工作面爆破时断电、撤人违反规定

危害分析：高突工作面爆破时，瓦斯易超限或诱发煤与瓦斯突出事故。若不执行断电、撤人规定，当瓦斯超限时，如果遇有电火花等明火，会造成瓦斯爆炸事故。

防治措施：高突工作面在爆破前应对所有电气设备进行断电，并将人员撤离到安全地点。待爆破完毕，通风时间满足要求，在确认瓦斯不超限且无突出危险倾向的情况下，再恢复供电，人员返回工作地点。

第四节 防灭火管理

1. 未按规定进行防灭火检查

危害分析：不按规定进行防灭火检查，就不能及时发现防灭火存在的问题，延误隐患处理，甚至引发火灾事故。

防治措施：煤矿建立定期防灭火检查制度，确保各类消防器材可有效使用，发现问题及时处理。

2. 在井下吸烟

危害分析：井下吸烟，容易出现明火，可能引发矿井火灾、瓦斯爆炸等灾害事故。

防治措施：严禁携带烟草和点火物品入井，严禁穿化纤衣服入井。

3. 在井下用灯泡和电炉取暖

危害分析：井下大型机电设备多，供电系统不稳定，电压容易波动，灯泡可能因电压波动而发生炸裂，产生的短路火花可引燃一些可燃物或导致瓦斯煤尘爆炸。同时由于白炽灯丝工作时温度在 2 000 ℃以上，电炉温度在 600～800 ℃，远高于木材等可燃物燃点（200～300 ℃），高温热源以热辐射的方式向周围传热，若长时间工作可能导致邻近可燃物热量积聚，温度升高乃至将其引燃。如果在瓦斯异常涌出、通风不畅造成瓦斯积聚的地点，灯泡和电炉的热量足以成为点火源，易引发瓦斯燃烧与爆炸事故。

防治措施：井下严禁使用灯泡取暖和使用电炉。

4. 井口房和通风机房附近 20 m 内，有烟火或者用火炉取暖

危害分析：矿井通风方法有抽出式、压入式和混合式三种方法。无论何种通风方法，一旦井口房和通风机房附近发生火灾，其烟雾和有害气体都会威胁矿井安全和对井下人员造成伤害。当井下发生煤与瓦斯突出时，含有高浓度瓦斯和大量煤尘的高压气流，进入用烟火或火炉取暖的抽出式通风的通风机房（或压入式通风的排风井口房），会引起瓦斯煤尘爆炸的重大事故。较大型突出事故还会造成风流逆转，采用压入式通风的通风机房内（或抽出式通风的进风井口房），如果有烟火或

违章吸烟很危险

取暖火炉，也会引起瓦斯煤尘爆炸的重大事故。

防治措施：井口房和通风机房附近 20 m 内，不得有烟火或者用火炉取暖。通风机房位于工业广场以外时，除开采有瓦斯喷出的矿井和煤与瓦斯突出矿井外，可用隔焰式火炉或者防爆式电热器取暖。暖风道和压入式通风的风硐必须用不燃性材料砌筑，并至少装设 2 道防火门。在井下和井口房，严禁采用可燃性材料搭设临时操作间、休息间。

5. 井下机电硐室内有油坑，采用了易燃材料支护

危害分析：机电硐室内有油坑，为引发火灾事故埋下隐患；机电硐室内采用易燃材料支护的，容易导致火灾事故发生。

防治措施：(1) 机电硐室内严禁有油坑，不准采用易燃材料进行支护。(2) 井下机电设备硐室出口必须装设向外开的防火铁门，防火铁门外 5 m 内的巷道应当砌碹或者采用其他不燃性材料支护。

6. 油浸式设备的硐室无合格的防火门及防灭火设施

危害分析：油浸式设备的硐室无合格的防火门及防灭火设施，一旦硐室内发生火灾，将会使火灾事故扩大，引发更加严重的矿井灾害。

防治措施：(1) 油浸式设备的硐室必须安装合格的防火门及防灭火设施。(2) 井下机电设备硐室出口必须装设向外开的防火铁门，防火铁门外 5 m 内的巷道应当砌碹或者采用其他不燃性材料支护。

7. 各种油脂的存放无专用库房，油桶无标签

危害分析：各种油脂的存放无专用库房，油桶无标签，埋下了火灾事故隐患，极易导致火灾事故发生。

防治措施：(1) 各种油脂的存放必须有专用库房，油桶必须有标签。(2) 强化各种油脂管理，各种油脂必须存放在专用库房，不得存放在其他材料库房内。

8. 乱扔剩油、废油及棉纱、布头等

危害分析：乱扔剩油、废油及棉纱、布头等，埋下了火灾事故隐患，极易导致火灾事故发生。

防治措施：(1) 严禁乱扔剩油、废油及棉纱、布头等。(2) 井下使用的汽油、柴油、煤油必须装入盖严的铁桶内，由专人押运送至使用地点，剩余的汽油、煤油必须运回地面，严禁在井下存放。(3) 井下使用的润滑油、棉纱、布头和纸等，必须存放在盖严的铁桶内。使用后的棉纱、布头和纸，也必须放在盖严的铁桶内，并由专人定期送到地面处理，不得乱放乱扔。严禁将剩油、废油泼洒在井巷或者硐室内。

9. 使用非阻燃的矿用电缆、风筒，采用非金属聚合物制造的输送带、托辊和滚筒包胶材料等

危害分析：使用非阻燃的矿用电缆、风筒、采用非金属聚合物制造的输送带、托辊和滚筒包胶材料等，极易引发火灾事故。

防治措施：(1) 严禁使用非阻燃的矿用电缆、风筒，严禁采用非金属聚合物制造的输送带、托辊和滚筒包胶材料等。(2) 矿用电缆、风筒，用非金属聚合物制造的输送带、托辊和滚筒包胶材料等，其性能必须满足阻燃、抗静电的要求。

10. 井下清洗风动工具时，未在专用硐室内进行

危害分析：井下清洗风动工具时，未在专用硐室内进行，埋下了火灾事故隐患，极易导致火灾事故发生。

防治措施：(1) 井下清洗风动工具时，必须在专用硐室内进行。(2) 井下清洗风动工具时，必须使用不燃性和无毒性洗涤剂。

11. 井下机电设备硐室、检修硐室、使用带式输送机或者液力偶合器的巷道，没有备有灭火器材或配备的灭火器材不符合规定

危害分析：一旦这些地点发生火灾，将无法灭火或灭火效果差，引起火灾事故扩大。

防治措施：(1) 井下机电设备硐室、检修硐室、使用带式输送机或者液力偶合器的巷道，必须按规定配备灭火器材。(2) 灭火器材配备的数量、规格和存放地点，应当在灾害预防和处理计划中确定，宜配备自动灭火装置。

12. 地面瓦斯抽采泵房和泵房周围 20 m 范围内，堆积易燃物和有明火

危害分析：堆积易燃物和有明火，一旦出现火灾，极易引发抽采泵房发生瓦斯爆炸事故。

防治措施：(1) 地面瓦斯抽采泵房和泵房周围 20 m 范围内，严禁堆积易燃物和有明火。(2) 建设地面瓦斯抽采泵房必须用不燃性材料，加强防灭火管理，泵房周围 20 m 范围内，不准堆积易燃物、不准有明火。

13. 高突矿井或高瓦斯地区采煤工作面回风隅角未挂瓦斯便携仪，注氮工作面回风隅角不悬挂氧气便携仪

危害分析：高突矿井或高瓦斯地区采煤工作面回风隅角瓦斯浓度高，易超限；注氮工作面回风隅角氧气浓度相对较低，若不悬挂便携仪，就不能掌握氧气浓度。如果不按规定挂瓦斯便携仪，就不能连续检测瓦斯、氧气浓度，不能及时发现潜在的安全危害。

防治措施：高突矿井或高瓦斯地区的采煤工作面，其回风隅角应挂瓦斯便携仪，注氮工作面回风隅角应悬挂氧气便携仪。

14. 制氮机出口氮气浓度达不到要求(97%及以上)的

危害分析：《煤矿安全规程》规定，采用氮气防灭火时，注入的氮气浓度不小于 97%。若小于 97%，就不能有效地起到防灭火作用，甚至还会因氧气浓度高起相反作用。

防治措施：经常监测、查看制氮机出口的氮气浓度，当氮气浓度达不到 97%以上时，应立即进行处理。

15. 气体分析员和煤层注水化验员不按标准操作或弄虚作假

危害分析：气体分析员和煤层注水化验员不按标准操作或弄虚作假，造成气相色谱分析、注水后煤体全水分分析结果错误，不能及时发现现场存在的通风隐患，延误隐患处理。

防治措施：严格按照操作规程要求进行采样、分析，不得弄虚作假。

16. 采煤工作面注氮埋管深度和布局不符合规定要求

危害分析：注氮埋管深度和布局不符合规定，达不到预期防灭火效果，甚至造成煤层自燃事故。

防治措施：采煤工作面注氮管口应布置在工作面进风侧采空区氧化带内。

17. 瓦检员对高温异常区域发现后不汇报，不积极采取措施处理

危害分析：瓦检员对高温异常区域发现后不汇报，不积极采取措施处理，容易埋下安全隐患，极易引发火灾事故。

防治措施：瓦检员发现高温异常区域后必须及时汇报，积极采取措施处理。

18. 采煤工作面回采结束后未按规定及时回收、封闭

危害分析：采煤工作面回采结束后不及时回收、封闭，极易造成遗煤自燃和采空区的有害气体泄漏。

防治措施：矿井必须制定防止采空区自然发火的封闭及管理专项措施，及时构筑各类密闭并保证质量。采煤工作面回采结束后，必须在45天内进行永久性封闭。

第五节　瓦斯防治管理

1. 瓦斯检查工发现瓦斯超限时，不责令停止作业并撤出人员汇报处理，或拒不执行瓦斯检查工撤人命令，强行作业

危害分析：瓦斯超限作业极易造成瓦斯事故，因此瓦斯超限时，必须停止作业，撤出人员，切断电源，设置栅栏、警标，立即汇报处理。

防治措施：矿井必须从设计和采掘生产管理上采取措施，防止瓦斯积聚；当发生瓦斯积聚时，必须及时处理。当瓦斯超限达到断电浓度时，班组长、瓦斯检查工、矿调度员有权责令现场作业人员停止作业，停电撤人。恢复已封闭的停工区或者采掘工作接近这些地点时，必须事先排除其中积聚的瓦斯。排除瓦斯工作必须制定安全技术措施。严禁在停风或者瓦斯超限的区域内作业。

2. 采煤工作面回风隅角回柱不及时，造成瓦斯、有毒、有害气体超限

危害分析：采煤工作面回风隅角回柱不及时，极易造成切顶线以里采空区悬顶、瓦斯等有害气体积存超限，引发瓦斯事故。

防治措施：必须及时回收采煤工作面回风隅角的棚柱支护材料，防止造成瓦斯、有毒、有害气体超限。

3. 井下打开电气设备前未检查瓦斯

危害分析：打开电气设备时，电气设备处于失爆状态，即便是停电后打开，也可能会出现放电现象。如果此时瓦斯浓度超限，极易发生瓦斯爆炸事故。

防治措施:检修或者搬迁前,必须切断上级电源,检查瓦斯,当巷道风流中甲烷浓度低于1.0%时,再用与电源电压相适应的验电笔检验;检验无电后,方可进行导体对地放电。

4. 排放瓦斯不执行"断电、撤人、限量"三原则

危害分析:排放瓦斯时如不执行"断电、撤人、限量"三原则,极易造成回风流瓦斯超限、电火花等明火,造成瓦斯爆炸等事故。

防治措施:井下排放瓦斯时,一定要执行"断电、撤人、限量"的原则。即切断瓦斯排放所经巷道内所有电气设备的电源,撤出瓦斯排放所经巷道内的全部人员,严格控制瓦斯排放的浓度。

5. 临时停风区域不检查瓦斯就送风或"一风吹"

危害分析:临时停风区域易积存瓦斯,不检查瓦斯就送风或"一风吹",极易造成回风流瓦斯浓度超限,诱发瓦斯事故。

防治措施:临时停工的地点,不得停风;否则必须切断电源,设置栅栏、警标,禁止人员进入,并向矿调度室报告。停工区内甲烷或者二氧化碳浓度达到3.0%或者其他有害气体浓度超过《煤矿安全规程》规定不能立即处理时,必须在24 h内封闭完毕。恢复已封闭的停工区或者采掘工作接近这些地点时,必须事先排除其中积聚的瓦斯。排除瓦斯工作必须制定安全技术措施。严禁在停风或者瓦斯超限的区域内作业。

6. 瓦斯检查工不在现场(或指定地点)交接班

危害分析:如果瓦斯检查工不在现场(或指定地点)交接班,一旦现场(或指定地点)出现瓦斯异常情况,就容易引起瓦斯事故。

防治措施:瓦斯检查工在井下指定地点交接班,有交接班记录。

7. 瓦斯检查工填写牌板和手册不一致,瓦斯报表、手册、牌板未做到"三对口"

危害分析:瓦斯检查工填写牌板和手册不一致,瓦斯报表、手册、牌板未做到"三对口",说明瓦斯检查工没有按规定检查瓦斯、履行职责,极易引发通风事故。

防治措施:瓦斯检查工在井下现场检查完瓦斯后,应认真填写瓦斯牌板、手册和报表，必须保证瓦斯报表、手册、牌板“三对口”。

8. 瓦斯检查工执行“一炮三检”和“三人连锁爆破制”后不及时填写瓦斯手册、牌板，“三人连锁爆破”未按程序换牌、签字

危害分析：如遇有爆破作业，未严格执行“一炮三检”和“三人连锁爆破制”，容易引发事故。

防治措施：瓦斯检查工执行“一炮三检”和“三人连锁爆破制”后，必须及时填写瓦斯手册、牌板，“三人连锁爆破”必须按程序换牌、签字。这一制度用来约束、规范瓦斯检查工、班组长、爆破工的行为，使其各负其责，防止弄虚作假，确保爆破安全。

9. 井巷高冒点未按规定及时处理、没有挂牌管理或定期检查

危害分析：井巷高冒空间内易积聚瓦斯；巷道高冒区和煤柱破坏区等受顶板压力影响，煤体呈现破碎状态，具有漏风持续供氧、蓄热环境，容易引发煤炭自燃事故。近年来煤矿自燃火灾事故以及采空区、巷道高冒区自燃诱发瓦斯爆炸事故表明，未能及时发现火区初期及发展期状态变化、未能及时采取应对措施是火灾事故主要致因之一。

防治措施：开采容易自燃和自燃煤层时，必须制定防治采空区（特别是工作面始采线、终采线、上下煤柱线和三角点）、巷道高冒区、煤柱破坏区自然发火的技术措施。开采容易自燃和自燃煤层的矿井，必须开展自然发火监测工作，重点监测采空区、工作面回风隅角、密闭区、巷道高冒区等危险区域。

第六节 粉尘治理

1. 采掘工作面干打眼

危害分析：干打眼造成工作面风流中的粉尘浓度超限，恶化工作环境，伤害职工身体健康，甚至造成煤尘燃烧、爆炸事故。

防治措施：井工煤矿掘进井巷和硐室时，必须采取湿式钻眼；在煤、岩层中钻孔作业时，应当采取湿式降尘等措施。

2. 采煤工作面煤层未进行注水或注水效果不符合规定而强行生产

危害分析：煤层注水是从源头消除煤尘危害的治本措施，采煤工作面不注水或注水效果不符合规定而强行生产，导致采煤工作面煤尘浓度超限，伤害职工身体健康，甚至造成煤尘事故。

防治措施：在采煤工作面开始回采前，对其煤层进行注水，其注水效果应达到规定要求。否则，不能进行采煤作业。

3. 综采、综放工作面移架、放顶煤不及时使用喷雾，出煤(矸)时不打开喷雾；采掘工作面机组内外喷雾装置、爆破喷雾、净化水幕未安装或未正常使用

危害分析：喷雾不正常使用，会造成工作地点风流中粉尘浓度超限，伤害职工身体健康，甚至造成煤尘事故。

防治措施：井工煤矿采掘工作面机组作业时，应当采用内、外喷雾及通风除尘等综合措施。机组无水或者喷雾装置不能正常使用时，必须停机。综采工作面液压支架和放顶煤工作面的放煤口，必须安装喷雾装置，降柱、移架或者放煤时同步喷雾。破碎机必须安装防尘罩和喷雾装置或者除尘器。掘进井巷和硐室时，必须采取湿式钻眼、冲洗井壁巷帮、水炮泥、爆破喷雾、装岩(煤)洒水和净化风流等综合防尘措施。

4. 钻孔不按设计要求施工或施工时不采取防尘措施

危害分析：钻孔不按设计施工，造成大量无用钻孔，降低瓦斯抽采、煤层注水、防突等措施效果。钻孔时不采取防尘措施，造成风流中煤尘浓度超限。

防治措施：按设计要求布置钻孔，在煤、岩层中钻孔作业时，应当采取湿式降尘等措施。

5. 采掘工作面不按综合防尘措施施工

危害分析：采掘工作面不按综合防尘措施施工，工作地点风流中粉尘浓度超限，伤害职工身体健康，甚至造成煤尘事故。

防治措施：采掘工作面认真执行综合防尘措施，防尘供水管路安装到位，确保煤尘浓度不超标。

6. 采煤机、掘进机割煤时不开启内外喷雾或内外喷雾压力达不到要求，每个截割头有3个及以上内、外喷雾头失效仍强行生产

危害分析：采煤机、掘进机割煤时产生大量煤尘，若不开启内外喷雾或内、外喷雾压力达不到要求，或者每个截割头有3个及以上内、外喷雾头失效，采煤机、掘进机内、外喷雾降尘效果差，造成工作面煤尘浓度超限。伤害职工身体健康，甚至造成煤尘燃烧、爆炸事故。

防治措施：采煤机、掘进机工作时，开启内、外喷雾，并保证其喷雾压力达到规定要求。掘进机、掘锚一体机或者连续采煤机在内、外喷雾装置工作稳定性得不到保证的情况下，应当使用与掘进机、掘锚一体机或者连续采煤机联动联控的除降尘装置。

第八章

爆破作业常见“三违”行为危害分析与防治

动地惊天爆破险，
如履薄冰工序繁。
配卷装药起爆前，
最忌脚线胡乱安。
封泥不足事多发，
爆破前后瓦斯检。
明炮糊炮切忌放，
一炮三检莫嫌烦。
管理运输须科学，
安全生产盼团圆。

第一节　装配起爆药卷作业

1. 不检查装配起爆药卷作业地点安全状况

危害分析:若装配起爆药卷作业地点顶板不完好、支护不完整,容易出现片帮、掉矸隐患,造成人身伤害事故。

防治措施:装配起爆药卷作业前认真检查周围安全状况,确保在顶板完好、支护完整的安全条件下进行工作。

2. 从成束的电雷管中抽取单个电雷管时,用手拉脚线

危害分析:从成束的电雷管中抽取单个电雷管时,用手拉脚线,容易将脚线从电雷管体中拽松或拽出,导致电雷管损坏,使电雷管失效。若使用失效的电雷管进行爆破,会引发拒爆事故。

防治措施:从成束的电雷管中抽取单个电雷管时,不得手拉脚线硬拽管体,也不得手拉管体硬拽脚线,应当将成束的电雷管顺好,拉住前端脚线将电雷管抽出。抽出单个电雷管后,必须将其脚线扭结成短路。

3. 做引药不避开电气器设备及导电物体

危害分析:做引药不避开电气设备及导电物体,容易出现带电体引爆电雷管,造成爆炸事故。

防治措施:做引药时,必须避开电气设备及导电物体,把电雷管脚线悬空,严禁电雷管脚线与电气设备及导电体相接触。

4. 做引药时用电雷管代替竹(木)棒在药卷上扎眼

危害分析:做引药时用电雷管代替竹(木)棒在药卷上扎眼,容易损坏电雷管,使电雷管失效。若使用失效的电雷管进行爆破,会引发拒爆事故。

防治措施:电雷管必须由药卷的顶部装入,用木或竹制的炮针在药卷顶端中心扎略大于雷管直径的孔眼,将电雷管全部插入药卷内,并将脚线在药卷上套一个扣。剩余脚线应全部缠绕在药卷上,同时将脚线末端扭结成短路。严禁用电雷管代替竹、木棍扎眼。严禁将电雷管斜插在药卷的中部或捆绑在药卷上。

违章作业

5. 做引药时电雷管不装在药卷顶端

危害分析：若电雷管不装在药卷顶端，当向炮眼中装药时，电雷管脚线就会刮蹭眼壁，极易造成电雷管损坏，使电雷管失效，引发拒爆事故。

防治措施：做引药时必须将电雷管装在药卷顶端。电雷管必须由药卷的顶部装入，用木或竹制的炮针在药卷顶端中心扎略大于电雷管直径的孔眼，将电雷管全部插入药卷内，并将脚线在药卷上套一个扣。

第二节 装药作业

1. 边打眼边装药

危害分析：边打眼、边装药，现场工作交叉进行，互相干扰，尤其在打眼过程中产生的煤(岩)体振动还可能引爆装好的炸药，引起爆炸事故。另外打眼产生的粉尘和水汽，影响装药质量，造成爆破效果差。

防治措施：(1) 严禁边打眼边装药。(2) 按照作业规程和爆破说明书进行打眼、装药，必须在打眼结束后进行装药。

2. 使用煤粉、块状材料或其他可燃性材料做封泥，或封泥不足

危害分析：使用煤粉、块状材料或其他可燃性材料做封泥，或封泥不足，一是造成爆破效果差；二是极易引发瓦斯爆炸或煤尘爆炸事故。

防治措施：封泥应使用水炮泥和黏土炮泥或用不燃性的、可塑性松散材料制成的炮泥。严禁用煤粉、块状材料或其他可燃性材料做炮泥。无封泥、封泥不足或不实的炮眼严禁爆破。装填炮泥要遵守下列规定：(1) 装填封泥时，一手拉脚线，一手拿炮棍推填封泥，用力轻轻捣实。(2) 封泥的装填结构：先紧靠药卷填上 30～40 mm 的炮泥，然后按规定的数量装填水炮泥，在水炮泥的外端再填塞黏土炮泥，达到规定封泥长度。(3) 装填水炮泥不要用力过大，以防压破。装填水炮泥外端的炮泥时，先将炮泥贴紧在眼壁上，然后轻轻捣实。

3. 装药后电雷管脚线和连接线、脚线与脚线之间的接头没有悬空

危害分析：装药后电雷管脚线和连接线、脚线与脚线之间的接头没有悬空，脚线落地若遇到静电、杂散电流或导电体，容易引发爆炸事故。

防治措施：电雷管脚线和连接线、脚线与脚线之间的接头，都必须悬空，不得与任何物体接触。

脚线落地很危险

4. 不按规定的起爆方式装药

危害分析：不按规定的起爆方式装药，一是造成爆破效果差；二是极易引发瓦斯爆炸事故。

防治措施：按规定起爆方式装药。正向起爆的起爆药卷最后装，起爆药卷及所有药卷的聚能穴都朝向眼底。反向起爆的起爆药卷先装，起爆药卷及所有药卷的聚能穴都朝向眼外。不得将起爆药卷夹在其他药卷中间。

5. 不掏煤(岩)粉就装药

危害分析：不掏煤(岩)粉就装药，容易导致装药困难，严重时无法装药，造成炮眼装药不合格，引发意外事故。

防治措施：爆破工在装药前，应用炮棍插入炮眼，检验每一个炮眼的角度、深度及眼内的情况，清除炮眼内的煤粉和岩粉。不符合规定的炮眼必须废掉，不得装药。

6. 炮眼内发现异常现象，仍进行装药和爆破

危害分析：炮眼内发现异常现象仍进行装药，容易导致装药质量差，严重时无法装药，造成炮眼装药不合格，引发意外事故。如果强行爆破，容易出现拒爆或残爆。

防治措施：炮眼内发现异常现象时，不准装药和爆破。

7. 一组装药分次起爆

危害分析：在有瓦斯或煤尘爆炸危险的采煤工作面，采用一组装药分次起爆时，前次爆破后瓦斯超限或煤尘飞扬，很容易被后次爆破产生的空气冲击波、炽热的固体颗粒、气体爆炸产物及二次火焰所引燃，发生瓦斯或煤尘爆炸事故，具有极大的危险性。

防治措施：在有瓦斯或者煤尘爆炸危险的采掘工作面，应当采用毫秒爆破。在掘进工作面，应当全断面一次起爆，不能全断面一次起爆的，必须采取安全措施。在采煤工作面，可分组装药，但一组装药必须一次起爆。

8. 电雷管脚线不扭结

危害分析：电雷管脚线不扭结，脚线落地若遇到静电、杂散电流或导电体，容易引发爆炸事故。

防治措施：电雷管脚线必须扭结成短路。

第三节　爆破前作业

1. 爆破前不洒水

危害分析：爆破前不洒水，易造成工作面风流中的粉尘浓度超限，恶化工作环境，伤害职工身体健康，甚至造成煤尘燃烧、爆炸事故。

防治措施：采掘工作面爆破前必须洒水。爆破前必须对爆破地点附近 20 m 范围内巷道进行洒水降尘。

2. 爆破警戒设置不到位，起爆地点到爆破地点的距离不够

危害分析：爆破警戒设置不到位，易导致爆破区域内进入闲杂人员，造成爆破伤人事故。起爆地点到爆破地点的距离不够，易导致爆破伤人事故。

防治措施：爆破工必须最后离开爆破地点，并在安全地点起爆。撤人、警戒等措施及起爆地点到爆破地点的距离必须在作业规程中具体规定。

起爆地点到爆破地点的距离应当符合要求：(1) 岩巷直线巷道大于 130 m，拐弯巷道大于 100 m。(2) 煤(半煤岩)巷直线巷道大于 100 m，拐弯巷道大于 75 m。(3) 采煤工作面大于 75 m，且位于工作面进风巷内。

起爆地点到爆破地点的距离不够，危害极大

3. 爆破前不发出爆破信号

危害分析:爆破前不发出爆破信号,容易出现爆破区域内有人员不知道爆破,易造成爆破伤人事故。

防治措施:每次爆破必须发三次爆破信号。第一次为预告信号。要求所有与爆破作业无关人员立即撤到危险区以外,或撤至指定的安全地点,爆破人员向危险区域边界派出警戒人员。第二次为起爆信号。在确认人员、设备全部撤离危险区域,具备安全起爆条件时,爆破工方可起爆。第三次为解除警戒信号。未发出解除警戒信号前,岗哨应坚守警戒岗位。全炮响后,须经过 15 min 后方能解除警戒,若炮响数量与点炮数量不符,须经过 20 min 后方能发出警戒信号。

4. 爆破工不随身携带发爆器钥匙

危害分析:若爆破工不随身携带发爆器钥匙,一旦起爆钥匙被其他人员拿到,容易出现误启动发爆器引发意外爆炸事故。

防治措施:发爆器的把手、钥匙或者电力起爆接线盒的钥匙,必须由爆破工随身携带,严禁转交他人。只有在爆破通电时,方可将把手或者钥匙插入发爆器或者电力起爆接线盒内。爆破后,必须立即将把手或者钥匙拔出,摘掉母线并扭结成短路。

5. 不使用炸药箱、雷管箱,或电雷管和炸药混放

危害分析:不使用炸药箱、电雷管箱,容易使药卷破损、变形,特别是药态较软的含水炸药更容易发生这种情况。破损、变形的药卷直径不均匀,也难以保证药卷连接良好,这种情况易造成爆轰不稳定,引起爆燃或拒爆。同时,也易出现炸药、电雷管丢失,发生意外事故;电雷管和炸药混放,一旦雷管遇到静电、杂散电流或导电体,容易引发爆炸,造成意外爆炸事故。

防治措施:在煤矿井下携带拆箱的炸药,应采用非金属抗静电刚性容器。炸药和电雷管要分别存放在专用箱内并加锁,炸药箱和电雷管箱要保持 20 m 以上的间距,严禁炸药和电雷管混放。

6. 未通过爆破前瓦斯检查就爆破

危害分析:未通过爆破前瓦斯检查就爆破,一旦爆破现场瓦斯浓度超限，极易引发瓦斯爆炸事故。

防治措施：严格执行“一炮三检”制度：采掘工作面装药前、爆破前和爆破后，爆破工、班组长和瓦斯检查工都必须在现场，由瓦斯检查工检查瓦斯浓度，爆破地点附近 20 m 以内的风流中瓦斯浓度达到 1.0% 时，不准装药、爆破。

7. 不按规定的方式联线

危害分析：不按规定的方式联线，容易导致联线质量差，极易造成联线不合格，或不能起爆，出现拒爆现象，引发意外事故。

防治措施：严格按照作业规程中爆破说明书规定的连线方式进行连线。脚线的连接工作，可由经过专门训练的操作人员协助爆破工进行。雷管脚线与母线的连接，必须由爆破工亲自操作。

8. 爆破前不按规定做电爆网路全电阻检查

危害分析：爆破前不按规定做电爆网路全电阻检查，脚线与脚线或脚线与母线连接时，会出现电爆网络不通或使网络阻值超出发爆器额定负载而产生拒爆，引发意外事故。

防治措施：爆破前必须按规定做电爆网路全电阻检查，避免出现漏连、错连。

第四节　爆破作业

1. 爆破母线不短结、搭结在发爆器上连炮

危害分析：爆破母线不短结、搭结在发爆器上连炮，会出现意外导致提前起爆，引发人身伤亡事故。

防治措施：爆破母线必须短结、严禁搭结在发爆器上连炮。爆破母线和连接线、电雷管脚线和连接线、脚线和脚线之间的接头相互扭紧并悬空，不得与轨道、金属管、金属网、钢丝绳、刮板输送机等导电体相接触。

2. 爆破母线明接头、明线爆破，爆破母线长度不符合要求

危害分析：爆破母线明接头、明线爆破，容易产生电火花，引发瓦斯爆炸事故。爆破母线长度不符合要求,爆破时容易引发人身伤亡事故。

防治措施:爆破母线符合标准,严禁明接头,严禁明线爆破,爆破母线长度必须在作业规程中具体规定。

3. 不用发爆器爆破

危害分析:不用发爆器爆破,容易产生电火花,引发瓦斯爆炸事故。

防治措施:爆破时必须使用专用发爆器。

4. 不落实"三人连锁爆破"制度

危害分析:不落实"三人连锁爆破"制度,容易引发爆破伤人事故。

防治措施:严格执行"三人连锁爆破"制度。爆破前,爆破工将"警戒牌"交给生产班组长,由班组长派人警戒,并检查顶板与支架情况。然后,班组长将自己携带的"爆破命令牌"交给瓦斯检查工。瓦斯检查工检查瓦斯、煤尘合格后,将自己携带的"爆破牌"交给爆破工。爆破工发出爆破命令后,进行爆破。爆破后,三牌各归原主。

5. 爆破崩坏架棚,不处理继续爆破

危害分析:爆破崩坏架棚,现场存在顶板冒落、片帮等安全隐患。若此时不处理崩坏的架棚,就可能引发冒顶、片帮伤人事故。

防治措施:修复爆破崩倒、崩坏的支架必须先检查顶、帮,并由外向里逐架进行。采掘工作面的空顶距离及支护质量应符合作业规程的规定。爆破前必须对爆破地点附近 10 m 范围内的支护进行加固,否则不得爆破。

6. 放明炮、糊炮

危害分析:明炮、糊炮不仅爆破效果差,消耗炸药量大,而且其爆破火焰直接暴露在井下空气中,极容易引燃瓦斯和煤尘。另外,明炮、糊炮震动大,使得沉降的粉尘重新飞扬,增加了井下空气的含尘量。

防治措施:按照作业规程规定爆破,禁止放明炮、糊炮。

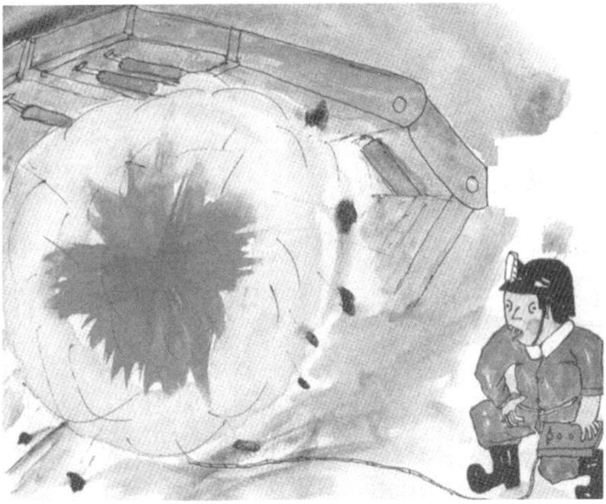

放明炮、糊炮，危害极大

7. 发爆器不完好仍然进行爆破作业

危害分析：发爆器不完好，起爆时容易出现失爆，引发瓦斯爆炸事故。

防治措施：防爆型发爆器要悬挂在干燥地点，发爆器钥匙必须由爆破工随身携带。发爆器不完好的，严禁爆破作业。

8. 爆破时没有对各种工具、设备、电缆等采取保护措施

危害分析：爆破时没有对各种工具、设备、电缆等采取保护措施，容易崩坏工具、设备、电缆，造成财产损失和安全事故。

防治措施：爆破时必须对各种工具、设备、电缆等采取保护措施。

9. 爆破线搭在电缆线、轨道、钢管上

危害分析：爆破线搭在电缆线、轨道、钢管上，若遇到静电、杂散电流或导电体，容易引发爆炸事故。

防治措施：爆破母线、连接线和电雷管脚线之间的接头必须相互扭紧并悬挂，不得与轨道、金属管、金属网、钢丝绳、刮板输送机等导电体相接触。

第五节　爆破后作业

1. 爆破后不及时解除警戒

危害分析：爆破后不及时解除警戒，影响作业人员进入爆破地点检查支护和设备情况，导致工作面出现隐患不能及时处理，引发意外事故。

防治措施：爆破后必须及时解除警戒，让作业人员及时进入爆破地点检查支护和设备情况。

2. 爆破后不洒水

危害分析：爆破后不洒水，易造成工作面风流中的粉尘浓度超限，恶化工作环境，伤害职工身体健康。

防治措施：采掘工作面爆破后必须及时洒水，净化工作面空气，创造良好的作业环境。

3. 爆破后炮烟未散尽，停滞时间不足，就进入迎头作业

危害分析：爆破后，炸药爆炸产生大量有毒有害气体，这些有毒有害气体达到一定浓度时会造成人员中毒甚至死亡。炮烟尚未吹散就急于进入工作面，会造成炮烟熏人事故。

防治措施：等迎头炮烟排净后（至少 15 min），班组长、爆破工、瓦斯检查工首先进入迎头，由外向里检查通风、瓦斯、煤尘、支护、顶板、拒爆及残爆情况，发现未爆的电雷管、炸药必须交爆破工妥善处理，发现问题及时处理。

4. 镐刨、手拉、打钻处理拒爆、残爆

危害分析：由于炸药和电雷管是一种暂时稳定的化学物质，在外界的影响下其原来的稳定性可能会被破坏，从而产生一系列的化学反应，导致爆炸。这就是说，炸药和电雷管对于摩擦、撞击等具有极强的敏感度，要谨防这些可能引起爆炸的因素。使用镐刨、手拉、打钻处理拒炮、残炮，容易使它受到撞击，电雷管的内壁会和管内高敏感起爆引药摩擦着火，导致电雷管发生爆炸。

防治措施：处理拒炮、残爆必须执行以下规定：(1) 由于连线不良造成的拒爆，可重新连线起爆。(2) 在距拒爆炮眼 0.3 m 以外另打与拒爆炮眼平行的新炮眼，重新装药起爆。(3) 严禁用镐刨或从炮眼中取出原放置的起爆药卷或从起爆药卷中拉出电雷管。不论有无残余炸药，严禁将炮眼残底继续加深，严禁用打眼的方法往外掏药，严禁用压风吹拒爆(残爆)炮眼。(4) 处理拒爆的炮眼爆破后，爆破工必须详细检查炸落的煤、矸，收集未爆的电雷管。(5) 在拒爆处理完毕以前，严禁在该地点进行与处理拒爆无关的工作。

5. 爆破后不检查、回收未起爆的电雷管、炸药

危害分析：爆破后不检查、回收未起爆的电雷管、炸药，容易在装煤(矸)时引起雷管、炸药爆炸，造成爆炸伤人事故，或电雷管、炸药进入运输系统引发意外事故。

防治措施：爆破后，爆破工必须详细检查炸落的煤、矸，收集未起爆的雷管、炸药。

6. 爆破后对剩余的电雷管、炸药没有按规定归还炸药库，乱丢乱放

危害分析：爆破后对剩余的电雷管、炸药没有按规定归还炸药库，乱丢乱放，容易出现爆破工私自违章处理、丢失甚至盗窃爆炸物品，导致爆炸物品流向社会，造成公共安全危害。

防治措施：爆破后清点剩余电雷管、炸药，填好消耗单，核实查清当班领取、使用及剩余的爆破材料数量，并经现场班组长、安监员、跟班队长验证签字后，将当班剩余的爆破材料当班交回爆破材料库，严禁私藏爆破材料。

7. 发爆器不及时回交

危害分析：若发爆器不及时回交，一旦发爆器出现不完好或损坏无法得到检修和维护，倘若下一班继续使用，将带病使用或无法使用发爆器，引发意外事故。

防治措施：爆破工作结束，爆破工应将发爆器整理好。升井后，要将发爆器交回规定的发放处，仪器发放人员将对发爆器进行检查和维护。

第六节 井下爆炸物品库管理

1. 接触爆炸物品的人员，未穿棉布或者抗静电衣服

危害分析：接触爆炸物品的人员，未穿棉布或者抗静电衣服，服装容易产生静电，引起雷管意外爆炸；静电易引起燃烧爆炸事故。

防治措施：井上、井下接触爆炸物品的人员，必须穿棉布或者抗静电衣服。

2. 火工品管理账、卡、物不相符

危害分析：火工品管理账、卡、物不相符，火工品管理混乱，容易出现火工品流失。一旦这些火工品流入社会，将危害社会稳定。

防治措施：火工品必须统一保管在矿炸药库，炸药、雷管分别存放，严禁超储和混储，必须设专人保管。火工品要做到账、卡、物相符。

3. 报废电雷管、炸药未单独存放或存放，数量超过规定

危害分析：报废电雷管、炸药未单独存放，容易产生报废电雷管、炸药混放情形，导致报废电雷管、炸药被重新发放，引发意外事故；报废电雷管、炸药存放数量超过规定的，容易引发意外事故。

防治措施：报废电雷管、炸药必须单独存放；报废电雷管、炸药存放数量严禁超过规定。

4. 井下爆炸物品库的炸药和电雷管未分开贮存

危害分析：电雷管具有较高的感度，对外来电敏感，碰撞、甩拽以及静电、杂散电和射频电都有可能引起其意外爆炸。炸药和电雷管未分开贮存，若电雷管意外爆炸而引爆炸药，将导致爆炸事故扩大。

防治措施：炸药和电雷管必须单独库房存放，不能同库贮存。

5. 电雷管未按规定进行一次、二次导通或无导通记录

危害分析：电雷管未按规定进行一次、二次导通或无导通记录，不能保证电雷管是否合格，如果不合格的电雷管发放使用，将会出现拒爆，引发意外爆破事故。

防治措施：所有电雷管在入井前必须经导通试验合格后方可发放使用。

6. 存放爆炸物品的木架每格堆放多层爆炸物品箱

危害分析：若木架每格堆放多层爆炸物品箱，保管员发放和领取时易碰撞或跌落，同时也不便于保管员日常检查和交接班核对。

防治措施：存放爆炸物品的木架每格只准放 1 层爆炸物品箱。

第七节　爆炸物品运输管理

1. 运送电雷管时，罐笼内放置两层及以上雷管箱

危害分析：工业电雷管的摩擦、撞击感度较高，如果堆放两层及以上雷管箱，由于颠簸、滑动，则可能导致上层雷管箱掉落，引起雷管意外爆炸。

防治措施：运送电雷管时，罐笼内只准放置 1 层爆炸物品箱，不得滑动。

2. 用罐笼或吊桶运送爆炸物品时，押运人员未事先通知绞车司机和井上、下把钩工；罐笼运送速度超过规定

危害分析：若不事先通知绞车司机和井上、下把钩工，绞车司机不注意信号和操作，出现超速运行，不能做到平稳启动和停车，易发生意外碰撞事故。

防治措施：用罐笼或吊桶运送爆炸物品，必须事先通知绞车司机和井上、下把钩工，通知他们注意信号和操作，不准超速运行，做到平稳启动和停车，防止发生碰撞事故。对于罐笼升降速度，运送电雷管时，不得超过 2 m /s；运送其他类爆炸物品时，不得超过 4 m/s。对于吊桶升降速度，不论运送何种爆炸物品，都不得超过 1 m /s。司机在启动和停绞车时，应当保证罐笼或者吊桶不震动。

3. 在交接班、人员上下井的时间内，运送爆炸物品

危害分析：交接班、人员上下井时，井口和井底等场所人员较多，此时间段内运送爆炸物品，不仅要穿越人群，而且不确定因素较多，增加意外事故风险。

防治措施：在交接班、人员上下井的时间内，严禁运送爆炸物品。

4. 将爆炸物品存放在井口房、井底车场或者其他巷道内

危害分析：矿井井口房和井底车场等场所，是作业人员入井和升井的重要场所，日常人员较多，将爆炸物品存放在井口房、井底车场或者其他巷道内，极易发生爆炸物品意外爆炸，造成群死群伤事故。

防治措施：严禁在井口房和井底车场等贮存爆炸物品，为保证矿井安全，爆炸物品应直接下井，禁止存放在井口房。运到井底后，应尽快直接运往井下爆炸物品库，禁止存放在井底车场或其他巷道内。

5. 装有爆炸物品的列车同时运送其他物品

危害分析：若装有爆炸物品的列车同时运送其他物品，在装卸和运送过程中，被其他物品和工具碰撞、摩擦，易发生爆炸事故。

防治措施：装有爆炸物品的列车不得同时运送其他物品。

装有爆炸物品的列车同时运送其他物品，危害极大

6. 携带爆炸物品上下井时，在每层罐笼内搭乘的携带爆炸物品的人员超过 4 人，其他人员同罐上下

危害分析：携带爆炸物品人员上下井时，人多拥挤，极易发生意外爆炸，造成群死群伤事故。

防治措施：在每层罐笼内搭乘的携带爆炸物品的人员不得超过 4 人，其他人员不得同罐上下。

7. 在交接班、人员上下井的时间内，携带爆炸物品人员沿井筒上下

危害分析：在交接班、人员上下井时，井筒上下口附近人员较多，此时一旦发生意外爆炸，可能会造成人员的大量伤亡。

防治措施：交接班和人员上下井时严禁携带爆炸物品人员沿井筒上下。

8. 平巷运送人员时，同时运送易燃易爆或者腐蚀性的物品，或者附挂物料车

危害分析：人车在运行中和过轨道接头、道岔时，都会产生颠簸，如果随车携带了有爆炸性的、易燃性的或腐蚀性的物品，在强烈的颠簸下，易产生爆炸、燃烧和腐蚀性液体溢出。当人车脱轨时，这些危险品可能掉落车下，被车轮碾压，在架线电机车的轨道和车轮之间通过的电流将使可爆炸物品爆炸、可燃烧性物品燃烧，腐蚀性物品的容器被打碎，对人身、轨道和车辆产生严重腐蚀，后果很严重。同时严禁附挂物料车。携带电雷管、炸药乘坐人行车、电机车牵引的列车，一旦电雷管遇到静电、杂散电流或导电体，极易引发爆炸事故。

防治措施：平巷运送人员时，严禁同时运送易燃易爆或者腐蚀性的物品，或者附挂物料车。

9. 人工运送电雷管和炸药在巷道内行走，两人之间的距离小于 10 m

危害分析：人工运送电雷管和炸药在巷道内行走，两人之间的距离小于 10 m，一旦电雷管遇到静电、杂散电流或导电体引起爆炸，由于两人距离较近，电雷管会引爆炸药，使爆炸事故扩大。

防治措施：人工运送爆破材料时，在巷道内行走时两人要保持 10 m 以上的距离，不得在途中嬉戏和逗留；在大巷行走时要注意来往车辆，坚持走人行道，不得随意横穿巷道。

第九章

煤矿常见“三违”行为引发的典型事故案例分析

事故案例重警醒，
频频事故血染红。
事故矿畔百矿安，
条条规程拒灾凌。
煤与瓦斯突出险，
水火无情多凶灵。
煤尘顶板几度凶，
机电运输梦魇宫。
爆破烟毒猛于虎，
窒息何曾惜人命。

第一节　瓦斯爆炸事故案例分析

一、工人带电作业引起的瓦斯爆炸事故

【案例 9-1】 某年 11 月 27 日 12 时 9 分，某煤矿发生一起特大瓦斯煤尘爆炸事故，死亡 114 人，造成直接经济损失 976 万元。

1. 事故原因

（1）该煤矿 3 号煤层 11 号暗斜井 11 月 5 日贯眼回柱放顶，使采空区高浓度瓦斯不断涌入顺槽，北顺槽正、副巷间无隔风封闭墙，风流短路，巷内局部通风机无风筒，全巷处于无风、微风、循环风状态，11 月 6 日贯眼至工作面 35 m 为盲巷，造成瓦斯积聚。电工带电检修开关时，产生电火花引爆瓦斯，进而震起巷道积尘，煤尘参与爆炸，这是事故发生的直接原因。

（2）该煤矿通风、瓦斯、煤尘、机电管理混乱，“一通三防”工作没有落到实处。矿井总风量不足，通风线路长，盘区之间有角联巷道，风流紊乱，通风设施不齐全、通风质量差，存在风流短路、跑漏风、串联风、循环风。井下作业点多，局部通风机数量不足，使用不当，时停时开，工作面在微风、无风状态下作业。瓦斯检查制度不落实，瓦斯检查员严重不足，存在空班漏检现象，没有严格执行“一炮三检制”。11 月 11 日，暗斜井回收煤柱工作面瓦斯浓度超限，没有记录，瓦斯检查流于形式，矿井无瓦斯监控报警设施，入井人员没有配备自救器。爆破时没有采取综合防尘措施，静压洒水系统尚没有完工，仅有的洒水管路也不能正常使用，只有 1 名洒水工洒水灭尘，巷道积尘严重，未能及时冲洗，没有隔爆设施。井下变压器容量不足，局部通风机、绞车不能同时运行，机电设备失爆严重，“鸡爪子”“羊尾巴”、明接头、明打点多，供电系统没有“三大保护”。

2. 事故教训

工作面风量不足导致瓦斯超限，给该起爆炸事故提供了“炮弹”。

电工违章作业，在井下带电检修开关，这也是导致事故的重要原因。《煤矿安全规程》规定，井下不得带电检修、搬迁电气设备。带电作业，不仅电工个人容易被电击伤，而且在高瓦斯矿井有瓦斯积聚的地方，带电作业产生火花，很容易引起瓦斯、煤尘爆炸。这样的教训，在部分煤矿瓦斯、煤尘爆炸事故中时有发生，因此要警钟长鸣，切不可掉以轻心。要杜绝电工违章作业，必须加强对机电人员的安全教育培训，使他们在思想上牢固树立“安全第一”理念，把头脑中的马虎、凑合、不在乎的思想全部干净地肃清。只有把安全法律、法规和规章制度变成操作电工的自觉行动，才能从根本上杜绝带电作业事故的发生。

二、工人在井下拆卸矿灯导致的瓦斯爆炸事故

【案例 9-2】 某年 1 月 8 日零时 40 分，某煤矿井下 23 采区 9 分段发生一起重大瓦斯爆炸事故，死亡 11 人，伤 6 人，直接经济损失 83 万元。

1. 事故原因

(1) 瓦斯来源。① 某煤矿系高瓦斯矿井。煤层绝对瓦斯涌出量为 1.19 m^3/min；相对瓦斯涌出量为 11.4 m^3/L。② 该工作面采用高落式（采大院）采煤方法，局部通风机通风。为该工作面供风的 11 kW 局部通风机设在运输中巷 3 号垛盘眼附近，这台局部通风机又同时供应一个掘进面，通风距离 110 m，进入工作面有效风量不足。③ 据调查，事故前一班，由于工作面下落的煤量较多，大量煤块将出货煤门的入风口堵住，造成工作面风流短路，瓦斯积聚。根据上述情况，该工作面事故前已造成大量瓦斯积聚，并达到了爆炸浓度范围。

(2) 引爆火源。① 现场勘察发现，当班的爆破母线、雷管和火药都在巷道内放着，部分遇难者在工作面作业或准备作业，说明事故前工作面没有爆破的可能性。② 对现场的电气设备进行勘察，均无失爆现象，且事故地点附近没有火区及自然发火等高温点。③ 现场勘察，在工作面回风煤门距 1 号垛盘眼外三处发现两具尸体和两盏矿灯，其中一名死者佩戴的矿灯灯头盖被人为打开，开关处在通电状态，灯泡不在灯头内。这说明引爆瓦斯的火源是拆装矿灯过程中产生的电火花。

综上所述，这起事故是工人在采煤工作面回风煤门巷道内拆装矿灯，产生电火花引起的瓦斯爆炸。

2. 事故教训

该起事故至少有以下几点教训和启示：一是高瓦斯矿井必须按《煤矿安全规程》规定，对通风、瓦斯和可能产生的各种引爆火源严格管理。建立健全并认真落实包括生产、机电等各部门的“一通三防”安全责任制，在最大限度减少各种隐患的基础上，积极为本部门创造良好的安全生产条件。二是必须强化局部通风管理，严格执行“严禁一台局部通风机向两个地点供风”的规定。三是生产、巷道维修等部门必须做到经常保持通风巷道的有效断面。发生冒顶或其他原因堵塞通风巷道时，必须按“通风系统遭到破坏的重大隐患”对待，制定安全措施，及时有效地处理。四是严格各种瓦斯检查与管理制度。如每班至少检查 3 次，杜绝空、漏、假检；按规定安设“三专两闭锁”装置；严禁在停风或瓦斯区域内进行机电、回收等作业，以及时发现和处理瓦斯积聚，按规定实施排放瓦斯措施等。五是加强机电设备设施防爆管理，重视对矿灯发放与使用的严格管理。矿灯使用的人员必须专人专灯；严禁发放亮度不够、电线破损、灯锁不良、灯头密封不严、灯头圈松动、玻璃破裂等不完好的矿灯；教育工人爱护矿灯，严禁拆开、敲打、撞击矿灯等。

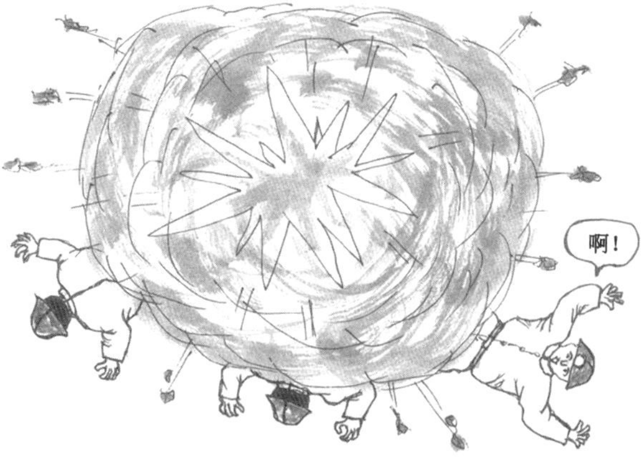

三、随意停开局部通风机，造成瓦斯积聚，导致瓦斯爆炸事故

【案例 9-3】 某年 3 月 16 日 12 时 10 分，某煤矿 2 号井五水平东翼运输巷发生一起重大瓦斯爆炸事故，死亡 12 人，直接经济损失 66 万元。

1. 事故原因

(1) 直接原因。由于该矿随意停开局部通风机，造成瓦斯积聚。16 日早班启动向运输巷掘进头供风的局部通风机排放瓦斯，由于 8 号小眼前风流短路，产生循环风，造成 8 号小眼至局部通风机间瓦斯浓度达到爆炸浓度范围。电气失爆产生电火花引起瓦斯爆炸。

(2) 间接原因。① 矿井通风系统不可靠，通风设施不齐全，井下风流短路，造成运输巷掘进头风量不足，局部通风机循环风；矿井未建立测风制度，风流自然分配。② 局部通风机管理混乱，局部通风机随意停开。长期上班开风机，下班停风机，造成运输巷掘进头瓦斯积聚，排放瓦斯无措施，存在“一风吹”现象。③ 矿井瓦斯管理混乱。未配备专职瓦斯检查员，井下无瓦斯牌板，瓦斯检查流于形式，检查数据弄虚作假，不论井下瓦斯浓度高低均填报 1%以下，瓦斯报表不能反映作业区域实际情况，经常性瓦斯超限作业。④ 电气设备管理混乱，井下电气设备长期处于失爆状态。⑤ 矿井对安全培训工作不重视。电工、瓦斯检查员、爆破工等特种作业人员未经培训，无证上岗，部分新工人入井未按规定进行安全教育、培训。⑥ 矿井技术管理混乱，未进行瓦斯等级、煤尘爆炸指数鉴定，未及时组织填绘图纸、编制作业规程。

2. 事故教训

如果采用通风排放方法，处理局部积聚的大量高浓度瓦斯，必须开展专项辨识评估，制定专项安全措施，经总工程师批准后执行。起码要做到：由负责通风管理的主要领导(通风副总工程师)、安全检查员、瓦斯检查员等在场共同组织实施；撤出所有无关人员；切断回风区域内各种电气设备的电源；排放出的瓦斯与全风压风流混合处的瓦斯和二氧

化碳的浓度不得超过《煤矿安全规程》规定的1.5%等基本要求。从事故原因分析看，该矿局部通风机管理混乱，局部通风机随意停开（长时间以来，上班开机，下班关机），造成运输巷掘进头瓦斯积聚。排放瓦斯不制定安全措施，采取“一风吹”的方法，结果高浓度瓦斯被失爆的电气设备产生的电火花引爆，酿成了这起多人死亡事故。

四、两道风门同时开启，风流短路造成瓦斯积聚，导致瓦斯爆炸事故

【案例9-4】 某年2月5日13时10分，某煤矿24层左八片采煤下巷处发生一起特大瓦斯爆炸事故，死亡37人，直接经济损失59万元。

1. 事故原因

(1) 直接原因：该工作面上巷风门开启、风流短路，造成24层左八采煤工作面通风系统微风或无风，导致下巷爆源处瓦斯积聚，达到爆炸浓度范围；放矿车时钢丝绳摩擦巷壁岩石产生火花，引起瓦斯爆炸。经调查确认，这是一起责任事故。① 瓦斯积聚原因分析。调查认定，该矿井为高瓦斯突出矿井，24层下部煤层间距5～6 m，为瓦斯突出煤层。在24层左八下平巷距工作面90 m处有一煤层底板裂隙（褶曲构造变化）涌出瓦斯，事故后实测该处混合风流中瓦斯浓度为0.5%，裂隙口处瓦斯浓度达100%。2月5日，由于该采煤工作面上巷回风道处的两道风门同时开启，造成风流短路，导致24层左八采煤工作面通风系统微风或无风，致使瓦斯积聚达到爆炸浓度范围。② 引爆火源分析。经现场勘察认定，这起事故是由于放矿车时钢丝绳摩擦巷壁岩石产生火花引起瓦斯爆炸。其依据是：经现场勘察，工作面无自然发火，发生事故时未进行爆破作业，爆源处无人作业，遇难人员中未发现带烟带火，电气设备处于无负荷状态，未见短路烧熔痕迹，可以排除上述引爆火源；而爆炸发生时，24层左八平巷正在放矿车，钢丝绳磨损严重，断丝起刺，与巷壁岩石接触摩擦产生火花，引发了瓦斯爆炸。

(2) 间接原因：① 安全管理不到位。一是通风设施不可靠；二是瓦斯检测有漏洞；三是机电运输装备设施不完好；四是洒水防尘设施不

健全。② 技术管理不完善。一是从矿井到主管部门都未设专职技术人员;二是安全、生产、“一通三防”三位一体管理专业技术人员不足,一人兼多职;三是对矿井瓦斯高突工作面的危害重视不足,未能采取必要的防范措施。③ 安全生产教育、培训不到位。管理人员安全意识不强,管理人员和瓦斯检查人员业务、素质低,作业人员自主保安能力差。④ 矿井安全生产监督检查不力。矿井安全生产监督检查有死角,上级主管部门监督检查不及时、不全面,无明确的行业主管部门,缺乏必要的监督检查。

2. 事故教训

这起事故反映了该矿管理人员对瓦斯管理工作重视不够。诸如不按规定设置通风设施;不执行风门管理规定;对瓦斯涌出异常和工作面留有尾巷不及时研究处理、不采取有效的安全措施;对小绞车钢丝绳摩擦岩壁产生火花的现象习以为常,放松警惕。结果恰恰是上述这些工作不到位,导致瓦斯超限,小绞车钢丝绳摩擦岩壁产生火花造成这起瓦斯爆炸。事故发生的教训是:煤矿的各种安全法律、法规和规章制度,必须严格遵照执行,否则必将带来血的教训。

五、违章排放瓦斯导致的瓦斯爆炸事故

【案例 9-5】 某年 8 月 4 日 12 时 35 分,某煤矿发生一起特大瓦斯爆炸事故,28 人死亡,2 人受伤,直接经济损失 246 万元。

1. 事故原因

(1) 直接原因。在排放 K7210 工作面切眼巷瓦斯过程中,未按规定控制瓦斯浓度和停电撤人,致使南六副巷风流瓦斯浓度达到爆炸浓度范围,工人带电检修信号电缆接线盒,因短路产生火花,引起瓦斯爆炸,这是造成事故发生的直接原因。

(2) 间接原因。① 违章指挥、违章作业。虽然在“K7210 腰巷施工期间通风瓦斯管理措施”中,涉及切巷排放瓦斯内容,但不规范、不完善、不具体,且在未经审批、贯彻落实的情况下,违章安排排放瓦斯,现场管理失调。② 通风、瓦斯、机电管理不到位,安全生产标准化建设跟

不上。管理制度不健全,“一通三防”安全责任制不落实,未签订“一通三防”责任任务书。工作程序紊乱,工作环节断档,指挥不协调,越级指挥。信息不畅通,各自为政。同时,多队、组在排放瓦斯危险区域作业,造成了事故的发生和扩大化。③“安全第一”的思想树立不牢,职工安全教育不够,执行安全生产规章制度不严格,未处理好安全与生产的关系,重生产、轻安全,争时间、抢进度,超核定生产能力组织生产,盲目乐观、麻痹、松懈。

2. 事故教训

这是一起在排放瓦斯过程中,由于疏于安全管理,没按规定控制瓦斯浓度和停电撤人;加之电工带电检修信号电缆接线盒,因短路产生电火花而引起瓦斯爆炸事故。因此,搞好瓦斯排放是防止瓦斯爆炸事故的重中之重。违章排放瓦斯常见的“三违”行为有:一是不编排措施盲目排放,有的虽有措施,但不具体、不完善,把措施当作开工护照;二是排放瓦斯不控制风量也不检查瓦斯浓度;三是没有严格执行排放措施,在瓦斯流经的区域不撤人、不断电、不设警戒;等等。该矿属高瓦斯矿井,这次事故为该矿和全行业敲了一次警钟。一定要认真对照规程找差距、定措施,对瓦斯威胁要时刻保持警惕,稍有麻痹、松懈就有可能导致重大事故。

第二节　煤与瓦斯突出事故案例分析

一、煤与瓦斯突出矿井不遵管理导致的突出事故

【案例9-6】 某年1月9日18时57分,某煤矿发生煤与瓦斯突出事故。这次突出涌出煤量约200 t,堵塞巷道82.5 m。摧毁部分巷道支架和三联络巷风门,死亡8人。

1. 事故原因

该煤矿是一个煤与瓦斯突出矿井,以往生产中曾发生多起瓦斯事故事故。为此,矿里曾组织有关人员进行专题研究,制定防治突出措

施。但是，几年来该矿井未认真贯彻执行，矿井的安全、生产工作基本没按突出矿井管理。

6124 掘进头在开工时就没有作业规程，在停工 1 年后恢复作业，只草拟了一个“六条措施”，其中没有防突出的内容，致使职工无章可循。矿领导及有关部门没有及时督促、检查发现的问题。

(1) 对突出预兆掌握不够，尤其对无声预兆没有引起高度重视。发生事故的采区位于向斜轴部，地质构造复杂，火成岩侵入严重，煤质松软，煤层层理紊乱、有变厚趋势，是突出极易发生带。作业中，对这样的地质条件，没有采取任何防突措施。

(2) 规定的躲炮距离太近，作业规程规定的躲炮距离为 60 m，而爆破工在距工作面仅 40 m 处起爆。

(3) 6124 回风巷断面太小，且两处冒顶，只能过风，不能行人，造成突出的瓦斯不能及时沿回风巷外泄，而破坏了风门危及其他两个采区人员的生命。

2. 事故教训

煤与瓦斯突出矿井，必须认真制定、执行防突措施，制定应急预案，按突出矿井管理，编制掘进作业规程；矿领导及有关部门要重视安全检查，特别是要跟踪落实防突措施，对防突出工作要高度重视。工作面处

在复杂地质构造部位的，如火成岩侵入严重、煤质松散、层理紊乱、煤层有变厚趋势等，地质部门应该及时预报，以便采取预防事故发生的措施、规定科学的躲炮位置。这样，即便发生突出，也不会造成人员伤亡。

二、盲目施工导致的瓦斯突出事故

【案例 9-7】 某年 3 月 24 日 11 时 25 分，某煤矿 136 采区 −50 m 水平二石门处，发生一起煤与瓦斯突出特别重大事故，死亡 30 人，伤 10 人。

1. 事故原因

（1）石门设计和编制作业规程时，无可靠依据，无地质说明书。同时，对原有的地质钻探资料又未很好地利用，以致二石门到煤距离设计与实际相差 17.5 m。对此关键问题，施工中未认真把关纠正。

（2）没有按月作业计划及时提出地质预测预报，没做地质剖面图，也未进行巷道岩性编录，因此无法掌握石门到煤距离。在石门掘进巷道已见到煤层底板砂岩，也未按作业规程规定停掘探钻，继续盲目掘进，爆破造成误穿煤层，引起煤与瓦斯突出。

（3）不具备复工技术条件。该石门的回风上山没有贯通，未形成独立的通风系统，上部有采煤工作面在作业，存在串联通风。

（4）自救器未能做到随身携带，在发生事故时不能自救，以致造成伤亡范围扩大。

2. 事故教训

该煤矿为瓦斯突出矿井，开采的 6 煤层具有严重的煤与瓦斯突出危险，从建井到这次事故已发生 344 次突出。在这样的条件下开采，矿领导应严格遵守《煤矿安全规程》和《防治煤与瓦斯突出细则》的规定，在确切掌握煤层赋存的情况下掘进石门，防止事故的发生。该矿掘进工作面与采煤工作面应实行独立通风，布置独立通风有困难时，须制定安全措施后使用串联通风。在突出煤层的采掘工作面，应设置有供给压缩空气设施的避难硐室或压风急救袋。工人下井应随身携带自救器，提高自救能力，以避免伤亡事故扩大。《煤矿安全规程》的每一条，都是煤矿工人与井下自然灾害作斗争的总结，也是血的教训的总结，谁违反它，谁就会受到惩罚。

三、违章作业导致的突出事故

【案例 9-8】 某年 6 月 29 日 11 时 40 分，某煤矿一井 −226 m 水平岩巷二号反眼掘进工作面，揭 9B 煤层爆破后，发生煤与瓦斯延期突出事故，死亡 21 人。

1. 事故原因

(1) 9B 煤层由于火成岩侵入，煤层严重变质，硬煤中夹有软煤层，透气性差。煤层顶底板均是砂页岩，比较坚硬。该煤矿一井 −226 m 水平瓦斯压力为 3.6 MPa，瓦斯含量为 21 m^3/t。−226 m 水平 2 号眼掘进中，正常瓦斯涌出量为 0.09 m^3/min，突出时最高瓦斯量为 91 m^3/min。瓦斯压力大，含量多，由于爆破改变了原煤层的应力状态，储存在煤(岩)体内的弹性变形能和瓦斯膨胀能突然释放，造成煤与瓦斯突出。

(2) 不按作业规程作业。作业规程规定揭 9B 煤层时，要采用震动性爆破，爆破母线长 400 m，爆破后待避 30 min 后救护队进入检查。而该工作面揭 9B 煤层时，第一次和第二次爆破均擅自改用 200 m 爆破母线，爆破后仅等待避 20 min，人员便急于进入工作面作业，导致多人遇难。

2. 事故教训

煤与瓦斯突出具有延期突出的特点，其延期时间长短，各矿表现不一，有几小时的，也有十几小时的，甚至有几十小时的。出现这种现象的真正原因至今不明，急需进行深入研究。大型突出往往发生在石门揭开突出危险煤层时，所以石门揭煤必须编制专门设计、制定切合实际的安全技术措施，经审批后严格执行。对此，《煤矿安全规程》和《防治煤与瓦斯突出细则》都有详细的规定。该煤矿这次揭 9B 煤层时，不按作业规程规定作业，导致死亡 21 人，实属重大责任事故。有章不循、违章作业是事故发生的直接导因，因此，必须采取严格措施，加强安全管理与监察力度，狠抓“三违”。

四、思想麻痹导致的瓦斯突出事故

【案例 9-9】 某年 8 月 8 日 10 时，某煤矿北翼 K_1 煤层掘进头，发生一起煤与瓦斯突出事故，死亡 3 人。

1. 事故原因

从建矿以来，K_1 煤层从未发生过煤与瓦斯突出事故，该区域 K_1 煤层地质构造复杂，煤层变化大，对 K_1 煤层的突出危险性还缺乏应有的认识。在这次事故中，发现煤层变化、瓦斯浓度超限时，没有采取果断措施停止工作、撤出人员，是这次事故的直接原因。

2. 事故教训

这次突出事故反映了矿领导和有关人员对煤与瓦斯突出认识不足，思想麻痹，执行规章制度不严。接受这次事故教训，应组织全矿干部、职工认真学习、掌握突出预兆和防治煤与瓦斯突出的基本知识，增强防突意识。把 K_1 煤层作为突出层管理，每个采掘工作面设专职瓦斯检查员，随时检查瓦斯情况，掌握突出预兆。当发现有突出预兆时，瓦斯检查员有权停止作业，并协助班组长立即组织人员按避灾路线撤出，并及时报告矿领导。要搞清各煤层的地质变化情况，制定切实可行的安全技术措施。将发生事故的工作面停止生产，待做好各项防范措施，经主管部门验收合格后方可恢复生产。

第三节 水灾事故案例分析

一、图省事、怕麻烦违章作业导致的透水事故

【案例 9-10】 某年 11 月 29 日 10 时，某煤矿某采区 109 工作面探放上方 107 工作面老空水时，发生了探放水钻孔溃水事故。不到 3 h 突水量竟达 2 150 m^3，瞬时最大突水量 130 m^3/min。淹没巷道 500 余 m 和大批机电设备，险些造成现场 10 名职工伤亡，重掘切眼 130 m，影响生产 3 个月。

1. 事故原因

(1) 放水孔过于集中,1 号孔和 3 号孔的孔距仅 0.4 m,钻孔方向最大相差 10°,在孔内套管口外,3 孔相距太近,致使投孔时塌孔和半通。

(2) 套管下得太短,1 号孔下 3.5 m,2 号孔虽下 4.6 m,但又取出 2.85 m(因脱扣未能全部取出)下在 3 号孔内。

(3) 对 1 号孔、3 号孔的反复投孔,引起孔内严重塌孔,导致 3 号孔透水后三孔串通出水。

(4) 煤质松软,钻孔孔径过小,钻孔易堵。

(5) 三孔串通出水后,没有及时将钻机窝封死。

(6) 岩石电钻力量小,不宜投开钻孔,钻机安装不牢,钻孔容易偏斜。另外,用海带包扎不符合封孔要求等,也是造成这次事故的主要原因。

2. 事故教训

(1) 加强现场施工管理,严格按照规程措施作业。这次事故是因施工队为省事、怕麻烦,未按原编制的探放水安全措施中规定的 150 钻机打孔,而改用了岩石电钻施工,造成孔径小、易塌堵,使放水不能正常控制;封孔未按规定封孔,止水钻孔间距小,孔口套管短、孔径小,均未按措施规定施工,属私自改变方案的违章作业行为。(2) 加强安全监察部门监察力度,应对以上违章行为严加制止。

二、有重大透水险情却继续冒险作业导致透水事故

【案例 9-11】 某年 1 月 1 日 10 时 10 分,某煤矿主副井贯通巷掘进头发生一起透水事故,死亡 11 人。

1. 事故原因

(1) 没有执行“有疑必探,先探后掘”的探放水原则,发现严重险情既不撤人,又不向上级汇报处理,强令工人冒险作业,造成这起事故。

(2) 矿领导班子不懂业务,管理混乱,没有树立“安全第一”的思想,不顾工人死活的思想严重,造成这起事故。

(3) 安全管理责任没有落实到镇、村，管理漏洞多，措施制度多流于形式，这也是造成这起事故的原因。

2. 事故教训

空气变冷、煤壁挂汗、裂缝滴水、炮眼向外流水、顶板滴水、有水响声、臭鸡蛋味、夹钎杆等现象都是透水预兆，这并不是什么高难技术问题，是普通常识。矿领导班子却不管不问，特别是工人两次找矿领导下井察看险情，矿领导仍不采取措施，冒险蛮干，不顾工人生命安全，强行令工人冒险作业，最终酿成事故。安全管理人员、矿领导要掌握煤矿安全生产基本常识，经考试合格后方可上岗，井下现场严禁违章指挥、强令工人冒险作业等行为，遇到紧急情况时要积极组织工人撤出危险区域。

三、施工质量低劣导致的透水事故

【案例 9-12】 某年 10 月 13 日 15 时 25 分，某煤矿二号井发生一起透水事故，造成 18 人死亡。

1. 事故原因

(1) 直接原因。施工运输巷水闸墙基础部分，因围堰挡水不严，基坑积水，基底清理不干净；水闸墙基础部分在设计和施工中均没有按规定进行注浆处理，捣制混凝土时，部分水泥浆又被水泵抽走，从而降低了基础部分混凝土质量，造成水闸墙基础部分质量低劣。当关闭水闸墙堵水后，墙内水压不断加大，水沿着围岩和墙体连接地弱面渗漏。当水压继续增大时，基底左侧渗漏处抵抗不了水体压力而被压穿，并迅速扩大(事后调查发现水闸墙左下角有一直径约 1.05 m 不规则圆洞)，导致淹井。

(2) 间接原因。① 集团公司、煤矿主管领导思想麻痹，在水闸墙出现漏水并不断增大的异常情况下，没有意识到这是透水预兆，只要求加强观测，而没有按照所制定的《某煤矿二号井水闸墙关水后的安全措施》及时撤出井下作业人员，以致造成重大人员伤亡。② 集团公司、煤矿领导在决定构筑水闸墙时，没有对构筑水闸墙带来的问题进行充分的研究、论证，仅从经济效益方面考虑，没有从堵截上山采空区约10万 m^3 积水给矿井安全带来威胁方面考虑。因此，没有采取可靠的防范措施，留下了重大事故隐患。③ 矿井安全管理、监督不力，在水闸墙的设计、施工、使用过程中，集团公司、煤矿安全监察部门没有对水闸墙作为安全设施进行认真审查和监督管理。例行的安全检查不细致，发现水闸墙漏水后不认真查找原因，把事故隐患视为正常现象。④ 集团公司、煤矿领导对水闸墙的设计审查不严，在没有围岩性质实测参数的情况下，不对围岩节理裂隙面和风化程度进行研究鉴定，设计中不按规定埋设注浆管。⑤ 在施工水闸墙的过程中，不编制施工设计和作业规程，施工作业和质量监督人员对工程质量没有做到心中有数，工程质量难以保证，工程使用前不组织竣工验收。

2. 事故教训

(1) 百年大计，质量第一。井下水闸墙是矿工的生命墙、安全生产的屏障，水闸墙的设计必须经过技术论证和审定，施工必须编制作业规程、质量标准。如果做到了这一点，就可以避免出现抗水体压力薄弱部位，防止这起事故的发生。(2) 集团公司、煤矿领导思想上麻痹，安全意识淡薄，水闸墙竣工不组织验收，当水闸墙出现漏水异常情况时不认真组织查找漏水原因。归根结底时，“安全第一”的思想没有真正落到实处。

四、乱采滥挖冒险蛮干导致的透水事故

【案例9-13】 某年5月15日10时20分,某煤矿主斜井下山探矿钻眼于−52.4 m处发生一起透水事故,死亡17人,直接经济损失150万元。

1. 事故原因

(1) 直接原因。① 地质资料不清,工人在钻眼爆破时将积水采空区打透,导致透水事故发生。② 独眼井生产,没有安全出口,矿井不具备起码的安全生产条件,事故发生后,井下作业面上的人员无法逃出。

(2) 间接原因。① 该煤矿在不具备安全生产开采条件下违章指挥,冒险蛮干,乱采滥挖。② 某乡政府擅自同意阿某府村与张某非法办矿,乡村主要领导亲自参与该矿协议的签署,但对煤矿企业的安全生产疏于管理,安全检查流于形式。③ 该煤矿安全管理混乱,事故隐患多,安全生产条件差,规章制度不健全,安全责任不落实,生产无作业规程,“三违”现象严重。④ 工人未经培训,未进行三级安全教育,安全意识差,缺乏自我保护能力。

2. 事故教训

村和个人联办的、不具备起码安全生产条件的独眼井,发生因透水造成17人死亡重大事故,触目惊心。应吸取的教训是:(1) 乡政府必须对办矿条件和资格认真审查。(2) 必须取得煤炭生产许可证、安全生产条件合格证、工商营业执照,依法办矿,地方政府及行业主管部门必须实施管理、监察职责。(3) 严禁违反《煤矿安全规程》的独眼井生产。(4) 进行安全技术培训,持证上岗,要懂安全、懂技术、会管理,杜绝“三违”行为,制止乱采滥挖。

五、不坚持“有疑必探,先探后掘”导致的矿井透水事故

【案例9-14】 某年4月10日21时20分,A煤矿主井下山工作面发生透水事故,死亡10人,直接经济损失60万元。

1. 事故原因

(1) A煤矿主井下山工作面爆破后，与B煤矿废弃的采空区贯通，致使废弃采空区内积水大量涌入矿井。

(2) A煤矿是在B煤矿废弃采区内开采残留煤柱，对废弃采区的地质及积水情况不清楚，没有及时了解B煤矿开采情况，盲目生产。

(3) 该矿领导安全意识淡薄，未按规定实施“有疑必探，先探后掘”的原则。

2. 事故教训

A煤矿“4·10”透水事故应该吸取的主要教训是:(1) A煤矿是在B煤矿废弃采区内开采残留煤柱，却对废弃采区的地质及积水情况不清楚，纯属盲目蛮干。(2) 在水文地质条件复杂的煤层中开采，没有坚持“有疑必探，先探后掘”的探放水原则，严重违反了《煤矿安全规程》的规定。(3) 县地矿部门未经煤炭、劳动部门审核，就擅自给采矿许可证办理延期使用手续，丧失了对A煤矿安全生产基本条件把关的机会。(4) 在采矿施工中，不允许各矿之间相互贯通，邻矿之间必须留足保安煤柱与采空区留足防火煤柱。如果做到以上几点，这起事故是完全可以避免的。

第四节　火灾事故案例分析

一、电线用“鸡爪子”“羊尾巴”和明接头导致的火灾事故

【案例9-15】　某年8月13日7时40分，某煤矿东翼51采区5112下顺槽掘进工作面外25 m处，因电煤钻电缆明接头短路着火引起巷道内木支架、风筒及煤壁燃烧，大量有害气体窜入上部车场新鲜风流中，造成正在北石门掘进和41采区采煤的126名工人中毒，其中死亡93人。

1. 事故原因

(1) 电缆明接头。着火的90 m电缆由三段连接而成，三段间没有

用接线盒和分段插销而是接成两个“鸡爪子”。“鸡爪子”的胶布又被拆开用来明火爆破，形成明接头，结果造成短路起火。

(2) 煤电钻没有专用的控制开关。煤电钻的 4 kW 干式变压器进线电缆接在附近刮板输送机电机控制开关的接线盒上，该刮板输送机开关受 41 采区变电所 200 A 总开关控制，而变电所距离事故地点 250 m，值班电工不在现场，其他掘进工人又不知道开关位置。因而电缆短路起火后，不能迅速切断电源。

(3) 通风管理混乱。51 下山采区上部车场材料绕道的两道风门未按设计安设自动风门，又未设专人看管，而该绕道运料频繁，风门经常敞开，风流短路，使整个东翼上山 41 采区风量不足，造成 41 采区工作面瓦斯经常积聚超限。在这种情况下，该矿不从管理车场绕道风门上采取措施，而是在绕道西口以上 10 m 处 41 采区材料上山巷(回风巷)内设了两道风帘，临时调节风量。由于风帘阻碍了回风，发生火灾后产生的大量有害气体不能直接从材料上山回风巷排出，而通过车场绕道敞开着的两道风门窜入东大巷新鲜风流中，使有害气体窜入 4113 采煤工作面和北石门掘进头，这是造成事故扩大的主要原因。

(4) 抢险救灾指挥不力。从 13 日 7 时 40 分发现电缆着火到 13 日 9 时 10 分浓烟从井口窜出。在长达一个半小时内，井下先后多次汇报烟火增大，煤矿领导既不采取紧急措施，又不向集团公司汇报，现场处于无人指挥状态。

(5) 事故前未按《煤矿安全规程》规定编制预防灾害措施计划，避灾路线不明确，工人缺乏安全知识，事故发生后惊慌失措。

2. 事故教训

为确保矿井安全生产，矿井应具有较强的防灾、抗灾能力，加强通风、机电等方面的安全管理，从领导到工人都必须具有足够的防灾抗灾知识和技能。这起事故，应吸取通风、机电安全管理欠缺，领导安全意识不强的教训。风门敞开，无人过问；风帘设置不当，无人提出更改；电缆用“鸡爪子”连接，扒开胶布采用明火爆破也不受到阻止；煤电钻不设综合保护装置照常使用；电工和领导脱岗等都为事故的发生埋下了隐患。事故发生后，思想麻痹、指挥救灾不力也是造成事故扩大的主要原因之一。

二、用灯泡取暖导致的火灾事故

【案例 9-16】 某年 2 月 4 日 10 时，某煤矿四尺煤井南二采区运输大巷绞车处发生一起火灾事故，造成 11 人死亡。

1. 事故原因

经调查分析，认为此起事故外因是把防爆照明灯当作取暖灯，引线绝缘受损，发生短路火花引燃可燃物。该灯线由采区配电室引出，长达 580 m(截面 4 mm^2)，共带 9 个电铃，9 个防爆灯，短路电流值仅为 24 A。而按规定，终端短路电流值应为 40 A。由于线路长、线号截面小，达不到规定的短路电流值，所以一旦发生短路后，也不能熔断保险丝以切断电源起到保护作用。事故后检查南二配电室开关时，两相保险丝(一相 10 A，另一相 15 A)均未熔断。《煤矿安全规程》中规定：防爆性能受到破坏的电气设备，应立即处理或更换，不得继使使用。《煤矿安全规程》中还规定：井下机电设备硐室，应采用不燃性材料支护等。绞车处、防爆灯的管理均不符合安全要求，管理制度不严，避风棚易燃，绞车安装在风流集中的木支护大巷中。因此，由于短路电火花引燃可燃物，并在短时间内迅速扩大成灾。

2. 事故教训

《煤矿安全规程》规定：井下严禁使用灯泡取暖和使用电炉。绞车司机用可燃性材料搭建“避风棚”，抱着防爆灯取暖，这一严重违章现象长期存在而未查处，加上停产未断电产生短路火花，最终导致火灾的发生。这起事故的教训：必须加强和严格机电管理，保证过电流、漏电等保护装置灵敏可靠，达到国家规定标准；严禁使用照明灯取暖；停产班或节假日放假期间，必须切断相关电源；机电硐室不得采用可燃性材料构筑，硐室内应清除一切可燃物品。

三、井下违章烧焊导致的火灾事故

【案例 9-17】 某年 5 月 8 日 11 时 35 分，某煤矿带式输送机井第一台和第二台带式输送机胶带搭接硐室施工时，发生一起特大火灾事故，死亡 80 人。

1. 事故原因

(1) 直接原因。工人在井下安装带式输送机用气电焊割钢板时，飞溅火花引燃作业点附近残留的胶沫、胶条，由于灭火不力，导致胶带着火。

(2) 间接原因。① 井下电、火焊安全措施制定不完善，审批不认真，措施不落实。② 缺乏防灭火意识，防火措施不落实。③ 生产区域缺乏抗灾能力，发生事故时矿井不能反风。

2. 事故教训

这是一起特别重大的责任事故，应吸取的教训：(1) 井下施焊必须由工程技术人员编制专门安全措施，由矿长批准。(2) 施焊地点，由专人在现场检查监护，并做到施焊点周围 10 m 范围内应是不燃性支护，有专人负责洒水，并至少备有两个灭火器；施焊完毕，工作地点应再次用水喷洒，并指定专人在工作地点检查 1 h，如发现异状，立即处理。(3) 配备自救器和灭火器材，并会使用。(4) 提高职工安全生产意识，熟悉井下避灾路线，加强入井人员的自主保安能力。

四、井下吸烟导致的火灾事故

【案例 9-18】 某年 11 月 20 日 8 时 40 分，某煤矿北斜井上仓皮带尾与左三片走向第一条带式输送机转载点下帮流水巷口处，发生一起火灾事故，死亡 17 人，伤 2 人。

1. 事故原因

井下工人将未熄灭的烟头随手扔在木堆里而引起火灾。

2. 事故教训

这是一起严重的因管理混乱、人员素质低造成的重大责任事故。应吸取的教训：(1) 加强矿井消防管理，严格贯彻、执行、落实各项灾害预防措施；完善入井检查制度，杜绝烟火、易燃品入井，健全消防、洒水降尘及充填系统。(2) 及时回收和运走井下易燃材料如废旧坑木等；灭火器材的购置、使用及存放必须按规定执行。(3) 灾害处理要慎重、果断，提高防灭火的水平，避免因指挥失误扩大灾情。(4) 入井作业人员必须按规定配齐自救器，加强职工安全意识教育，提高其自身抗灾变能力。(5) 发挥安全监察队伍的作用，将事故安全隐患消灭在萌芽状态。

第五节　煤尘爆炸事故案例分析

一、洒水防尘设施不完善，导致煤尘爆炸事故

【案例 9-19】 某年 5 月 5 日 11 时 20 分，某煤矿一水平西一区 601 采煤工作面，放明炮引起煤尘爆炸，死亡 15 人，伤 36 人。

1. 事故原因

(1) 该矿开拓系统不合理，溜煤下山违反《煤矿安全规程》，兼作通风巷道，给煤尘飞扬创造了条件。

(2) 防尘洒水管路拆除以后，未按《煤矿安全规程》的要求补设管路与清扫煤尘。

（3）区队管理人员“安全第一”的思想树立不牢，生产与安全发生矛盾的时候，违章冒险蛮干，指挥工人放明炮引起爆炸。

（4）由于无隔爆设施，扩大了灾情。

2. 事故教训

从事煤矿工作的人员（特别是干部和工程技术人员）对煤尘的危害性应该有所认识。就该矿的煤尘爆炸事故而言，应吸取的教训有：（1）对于煤尘爆炸指数高的矿井，要做好防尘工作。（2）要完善防尘洒水管路，拆除以后应及时补设。（3）要及时清扫积尘，第一次爆破后已扬起积尘，应予降尘、清扫，以免第二次爆破引发煤尘爆炸。

二、放糊炮导致的煤尘爆炸事故

【案例 9-20】 某年 12 月 31 日 5 时，某煤矿一井－410 m 水平东区三层工作面中间道，发生一起煤尘爆炸事故，死亡 16 人，伤 7 人。

1. 事故原因

经现场勘查和调查分析认定，这是一起严重违章作业造成的重大责任事故。其原因是：

（1）火源。经现场勘查，在中间道距工作面 45 m 处，发现发爆器一台并拴挂钥匙，爆破母线头距发爆器 100 mm，呈受力抻开状，拉长约10 m为工作状态。在距母线头2 m处有两条2 m长雷管脚线对接，脚线头呈绿色且有明显烧焦痕迹。该处2架木棚崩倒，顶板局部冒落。爆破工张某死于发爆器所在位置，副队长付某死于下段工作面上头处于爆破警戒位置。据此，认定是付某违章指挥，张某违章放糊炮处理刮板输送机故障，引起煤尘爆炸。

(2) 尘源。消防尘设施不完善，中间道长期处于微风状态，造成煤尘堆积严重。该工作面煤质疏松、干燥、粒度小，加之工作面及运煤下山采用自滑运输，自身产生大量煤尘。本应采取强有力的防尘措施，并加大风量，但该采面却没有完善消防尘和净化风流设施，输送机各转载点也没有洒水喷雾装置，采区内没有隔爆设施。

2. 事故教训

(1) 必须采取完善的消防尘设施，杜绝尘源。全国煤矿多起爆破事故都是因为无防尘洒水系统或消尘系统不健全，造成煤尘积聚，为煤尘爆炸事故提供了条件。

(2) 禁止放糊炮。放糊炮是《煤矿安全规程》明令禁止的，因为它会给瓦斯、煤尘爆炸和矿井火灾提供足够的点火能量。这起事故中，身为代班副队长的付某竟违章指挥放糊炮，造成包括自己在内的16人丧命，教训十分深刻。

三、违章爆破导致的煤尘爆炸事故

【案例9-21】 某年4月2日2时20分，某煤矿西三区五道主平北七煤采煤工作面改造上山发生一起煤尘爆炸事故，死亡23人，伤6人。

1. 事故原因

(1) 该改造工作面开工以来未设洒水消尘管路，煤体干燥，打眼爆破造成大量煤尘飞扬和堆积，引爆后使这部分煤尘参与爆炸，促使事故灾情范围扩大。

(2) 该工作面长期不使用水炮泥，炮泥质量不好，致使填塞不足，发生爆破打筒，产生火花，引起煤尘爆炸。

(3) 技术管理有缺陷，作业规程有漏洞，安全生产管理不严，规章制度不落实，出现违章打眼、违章装药，造成爆破打筒。

2. 事故教训

(1) 加强现场生产管理，严禁违反《煤矿安全规程》，工作面爆破要使用水炮泥，在封泥和填塞合格的情况下爆破，以免造成事故。

(2) 健全防尘系统，完善防尘设施，在已掘的巷道中设消尘水管路，清扫煤尘，严禁违背"一通三防"相关规定。

(3) 加强安全技术培训，提高职工的安全素质和自我保护能力，作业人员要带自救器，以减少人员伤亡。

四、不坚持洒水防尘制度导致煤尘积聚爆炸事故

【案例 9-22】 某年 10 月 9 日 4 时 55 分，某煤矿 −102 m 水平二平巷一号切眼工作面发生一起煤尘爆炸事故，造成 13 人死亡。

1. 事故原因

(1) 尘源：长期放松煤尘管理，没有进行洒水灭尘作业，造成巷道煤尘大量积聚。

(2) 火源：移动电气设备严重失爆，电缆破皮漏电，以致煤电钻电缆相间短路，产生火花，从而引起煤尘爆炸。

(3) 该矿领导安全生产思想淡薄，对"安全第一"的方针贯彻不力，各项安全措施不落实，安全机构不健全。执行规程及规章制度不严格，特别是对煤尘管理没有采取行之有效的措施。

(4) 领导干部和职工文化水平低，技术素质差，缺乏安全生产知识，在生产中没有严格按章作业。

2. 事故教训

(1) 煤尘爆炸必须同时具备四个条件：① 煤尘本身具有爆炸性。② 煤尘必须悬浮在空气中，并达到一定的浓度（45～2 000 g/m^3）。③ 有能点燃煤尘爆炸的热源（610～1 050 ℃）。④ 氧气浓度不低于 18%。只要作业中尽力避开这四个条件，就不会发生煤尘爆炸事故。

(2) 引爆煤尘的原因有：① 在煤层中爆破，不按规程要求违章作业或使用不符合安全的炸药，爆破火焰把爆破后扬起的煤尘引爆。诸

如不清理完炮眼内的煤粉，不装或少装炮泥，用煤粉、块状材料或其他可燃材料做炮眼封泥；用多根导线或多台发爆器同时进行爆破；在有积尘的地点放明炮、糊炮等。② 机电火花引爆。机械碰撞火花（如斜井跑车），电气系统漏电、短路及失爆电器工作火花等都会引爆煤尘。只要按爆破作业规程要求爆破，加强机电管理，保证供电安全，就可以杜绝引爆煤尘。这次事故教训是：煤矿安全投入非常重要，一定要建立洒水灭尘系统，要定期清扫积尘；加强机电设备的管理，定期设专人对井下电气设备进行维修。

第六节 顶板事故案例分析

一、干部违章指挥导致的顶板事故

【案例 9-23】 某年 10 月 12 日 20 时 40 分，某煤矿 206 穿采工作面，发生一起冒顶片帮故事，死亡 4 人，轻伤 1 人。

1. 事故经过

10 月 12 日中班，在 206 穿采工作面上共有 6 人工作，其中 1 名工区长，2 名爆破工，3 名采煤工。放了 3 遍炮后开始运煤，煤快运完时，工区长蒋某安排继续打眼，放一次炮，再出几车煤后收工，并安排管某回柱子。管某回了 2 根柱子说：“顶板压力大，不能再回了。”蒋某又安排张某接着回柱，张某只回了 1 根柱子，发现顶板压力增大，柱子回不出来，对蒋某说不能回。蒋某又强行安排管某继续回密集支柱，同时让张某出去拿钻杆，继续准备打眼，爆破出煤。张某刚走不远，一块长 6 m、宽 5 m、厚 4.5 m 的巨石冒落下来，将采面 5 人埋在下面。经抢救，4 人死亡，1 人轻伤。

2. 事故原因

(1) 安全意识淡薄，违章指挥，只要产量，不顾安全。矿领导在不具备安全生产条件下组织作业；工区长盲目蛮干，强令工人冒险作业，导致了事故的发生。

(2) 技术管理不善,现场措施不全面、不具体,不能指导生产。在地质条件发生变化时,没有采取特殊支护措施,是造成事故的主原因。

(3) 干部工作作风不扎实,不能跟班作业,对现场放松管理,安全生产措施不力,监督不严,也是造成事故的又一个重要原因。

(4) 工人安全技术素质差,安全意识淡薄,自主保安能力差,只顾完成出煤任务,不顾安全。

3. 事故教训

这起事故是由于安全意识淡薄,重效益、轻安全思想严重,在不具备起码安全生产条件下,强令工人冒险作业造成的。矿领导在不具备安全生产条件下组织作业,对作业规程审查不仔细,对现场技术把关不严,也是造成事故的重要原因。应吸取事故教训:该矿必须进行停产整顿,做到不安全不生产。矿领导要深入现场指挥生产,严把质量关,加强安全管理,坚决制止“三违”行为。要加强技术管理,认真编写作业规程和安全措施,特别是在地质条件变化时,必须及时修改作业规程,编写补充措施,并组织好贯彻和学习,做到按章作业。要加强安全技术培训和教育,进一步增强干部职工的安全意识和自主保安能力。

二、由于支护不合格导致的顶板事故

【案例 9-24】 某年 11 月 12 日 19 时 40 分,某煤矿－480 m 水平主石门 10 层 474 采煤工作面发生一起冒顶事故,死亡 4 人。

1. 事故原因

(1) 该工作面初次放顶后，发现工作面顶板岩石层节理发育且有小断层隐伏，形成不稳定状态；同时该工作面用于支护的单体液压支柱程度不同地存在漏液、卸压、失效现象，致使对工作面顶板的支撑力不均，失去平衡。顶板来压时，造成支撑薄弱点局部冒落。

(2) 该工作面煤层倾角较大，不利于支护，故确定采用俯伪斜式开采。目前正处在调整开采阶段，在加强支护上考虑欠周。同时，由于资金紧张，投入不足，加之日常管理不到位，对单体液压支柱的检测、维修不及时，使部分支柱不符合标准。

2. 事故教训

这起事故的原因除了顶板岩层节理发育和有小断层而顶板不太稳定之外，主要是用于支护的单体液压支柱有的漏液、卸压，支撑力不够、不均，顶板来压造成支撑薄弱点顶板冒落，致多人死亡。日常使用的单体液压支柱必须完好，井下备用一定数量的单体，发现损坏的及时更换。建立单体使用台账，单体使用超过 8 个月必须升井进行维修和压力试验。

三、滥采安全煤柱导致的冒顶事故

【案例 9-25】 某年 2 月 8 日 7 时，某煤矿三水平下山 1752 采煤工作面发生一起冒顶事故，死亡 3 人。

1. 事故原因

(1) 矿领导没牢固树立“安全第一”思想，对待安全工作说得多落实得少。管理混乱，制度不健全，1752 工作面没有编制作业规程，用的是 1750 工作面作业规程，并且没有经过上级主管部门审批，没有向工人贯彻。

(2) 工作面空顶面积大，没有采取补救措施，也没有按照原 1750 工作面作业规程操作。24 m 长的工作面，按规定应打 5 个木垛，实际只打 3 个，而且不合格。采空区侧没有打信号柱。

(3) 各级管理人员没有尽职尽责，空班漏检。

(4) 没有建立出入井清点制度。出入井人员情况无法掌握,不能及时发现问题,职工安全观念差。

2. 事故教训

这起事故暴露出采煤工作面未编制作业规程,借用其他采煤工作面的作业规程,既不报请上级主管部门审批,也不向工人贯彻,管理混乱。即使有作业规程,也往往被当作开工护照,违章作业习以为常。支护质量低劣,且强度不够,是煤矿冒顶事故的普遍原因。发生事故未察觉,人员不升井也没人管。矿长基本不下井,矿领导、队长、安全员、验收员、瓦斯检查员等有点头衔的人普遍早升井,甚至不下井。没有出入井清点制度,矿灯领取发放也很混乱,这个问题是引发事故的重要因素。

四、不执行“敲帮问顶”制度导致的顶板事故

【案例9-26】 某年8月29日18时22分,某煤矿采煤三区3708工作面煤帮扶棚时冒顶,死亡1人。

1. 事故原因

(1) 现场作业人员既没有做到先检查后工作,也没有敲帮问顶,就进入空顶区作业。

(2) 作业程序不当,在大倾角煤层采煤,应该从上往下依次挂梁子,而现场作业人员则是由下往上挂梁子,且没依次逐棚往上挂,留下隐患。

(3) 该工作面顶板易形成“草帽滑”,且有淋水,对此没有引起重视,也没有采取防范措施。

2. 事故教训

这是一起由于作业人员没有严格执行作业规程和有关规定造成的责任事故,应吸取的深刻教训主要有以下几点:一是工作面顶板有局部伪顶节理、裂隙发育,有淋水,这类顶板极易在毫无觉察的情况下滑落造成事故。在这类顶板下采煤,必须引起足够重视,不能心存侥幸。作业人员进入空顶区作业,要先观察、检查,坚持敲帮问顶,处理浮石、危

石。二是煤层倾角较大，不但顶板要冒落，底板甚至也可能产生滑动。因此，必须采取措施，保证支架的稳定性，严格按要求架设支架。三是作业规程的编制要充分考虑到工作面顶板的状况和煤层倾角的特点，并组织作业人员学习贯彻。

五、空顶下作业导致的顶板冒落事故

【案例 9-27】 某年 3 月 24 日 3 时 45 分，某煤矿卧牛井采煤三区爆破员和一工人在 789 工作面进入空顶区作业，采空区的矸石窜出推垮抬棚，将二人堵埋在空顶区内，经抢救其中一人脱险，另一人因伤势过重死亡。

1. 事故经过

3 月 24 日早班，工区安排沿轴南 5 号反坡掘进，将一号反坡未出完的煤出完，同时将此处的料回完，剩余人员清理轴北小面。班长接受任务后，便安排爆破工领取炸药，同几名工人去轴北小面空顶 1.5 m 的无支护区，打了 6 个炮眼，在无爆破许可证的情况下爆破。出完工作面上的煤以后，到 12 时 50 分，二人又进入该处空顶达 3.5 m 的无支护区打眼装药，此时一号反坡三角门上方采空区的矸石窜下来，推垮此处的抬棚，堵住了二人的后路。

2. 事故原因

(1) 违章作业。两名工人两次进入无支护区，违章打眼爆破，造成采空区矸石下窜推垮抬棚，被堵埋在空顶区内。

(2) 分工不明确。班长在安排任务时，只要求爆破出煤，未对此处的安全作交代，对防止采空区的矸石下窜未采取任何措施。

(3) 巷道三角门处的抬棚失修严重，局部空帮空顶，经不住上方的矸石冲击，导致垮落，堵住了后路。

3. 事故教训

这是一起领导重视生产、忽视安全所造成的责任事故。如果工区领导在安排生产任务的同时，能够交代作业地点的地质情况及安全生产注意事项；如果当班班长能够亲临现场、跟班指挥，发现抬棚空帮空顶及时处理，制止工人在空顶下违章爆破作业，采取防止采空区矸石滚落的安全措施，那么这起冒顶伤亡事故就不会发生。领导干部对安全生产的认识，决定了安全生产的状况，领导都应以此为戒。

第七节　机电事故案例分析

一、不执行“停送电专人联系制”导致的触电伤亡事故

【案例 9-28】　某年 9 月 15 日 8 时 35 分，某煤矿－65 m 煤水泵房发生一起交流 6 kV 触电事故，1 名技术员死亡，1 名工人受轻伤。

1. 事故经过

15 日 5 时 30 分，副司机指挥学员去拉闸停泵。由于该学员业务生疏，操作时带负荷拉切 6 kV 刀闸，将刀闸闸嘴烧毁。7 时 50 分，机电科技术员带领 2 名工人下井修理刀闸闸嘴。8 时 7 分，技术员与地面 1 号井变电室联系停电，并说明必须在接到－65 m 泵房通知后才准送电。此时，另 1 名技术员亦由－100 m 煤水泵房赶到－65m 泵房，2 名技术员和 2 名工人共同修理更换闸嘴。接近完工时（前后约 20 min），由于地面一号井变电室副值班员接东风井变电室电话，说：

“－100 m泵房需开动500 kW煤水泵”，并要求转告小黄山区域变电室。该值班员即与小黄山区域变电所电话联系，在未接通电话的情况下，副值班员即告诉一号井变电室正值班员说：“井下要开动煤水泵，你去送电。”而正值班员也未问清是哪个泵房，误认为－65 m泵房要开泵，就去送电，使正在－65 m泵房停电修理的刀闸突然通电，造成2人触电，其中死亡1人（事实上－100 m泵房500 kW煤水泵的电源不在一号井，而是在东风井变电室）。

2. 事故原因

（1）未执行“停送电专人联系制”，造成误送电。

（2）井下检修6 kV电气设备时，电源侧未加装三相短路接地线。

3. 事故教训

这是一起由于地面一号井变电室正、副值班员工作马虎、违章作业而造成的触目惊心的责任事故。该事故应吸取的主要教训是：（1）管理混乱，执行规章制度不严，如停送电必须实行挂牌制；停送电应由正值班联系指挥，副值班操作；送电时应先试送1～3次等制度流于形式，根本没按规定执行。（2）组织体制不健全，电力调度处于混乱状态，既没有严格的电力调度制度，也没有专职的调度人员。（3）重要岗位人员调动频繁，也未经定期安全技术培训，对其担负工作的重要性认识不足，技术素质差，对设备系统生疏，以致发生误操作。（4）工作马虎，责任心不强。

二、擅自改变施工方法导致的触电事故

【案例9-29】　某年6月30日9时30分，某煤矿七工区外线班在检修新一矿变电所时，发生一起触电事故，死亡1人。

1. 事故经过

6月29日由技术员贯彻了施工措施，规定采用2个木垛架设横杆，再用1台5 t或10 t手动葫芦起吊变压器外壳。30日7时，施工人员到现场一看，用木垛施工不方便，临时改变施工方法。先拆变压器散热器，再用1根7 m长的木杆，一端搭在变压器油枕上，另一端绑在

6 kV 三相电源铁质门式电柱上。此电柱的横杆设有柱上油开关。6 kV 铁质门式电柱拆除变压器一侧已停电，另一侧没有停电。由 2 名工人爬上门式电柱绑木杆。当 1 名工人带着麻绳即将爬到铁柱顶端时，头部碰到没有停电一侧的高压线的耐张线夹上，因触电由 5 m 高处摔到地面，当即死亡。

2. 事故原因

（1）直接原因：施工现场范围内高压线没有全部停电，作业人员不清楚而造成触电死亡。

（2）间接原因：① 联系停电的人员没有在现场指挥施工，现场没有人知道铁质门式架上方的另一侧高压线没停电。② 施工人员擅自改变施工方法，无安全措施。

3. 事故教训

（1）施工人员不得擅自改变作业规程和施工方案，必须改变施工方法时应提出申请，并制定适宜的作业规程和施工方案，以保证施工安全。

违章作业很危险

（2）工程技术人员和各级领导干部在编制作业规程或施工方案时一定要到现场具体察看，制定出符合现场作业环境的、能正确指导施工的作业规程和施工方案，保证安全生产。

三、不穿戴劳动保护用品导致的触电事故

【案例9-30】 某年10月10日13时5分，某煤业公司建筑处二工区四段电工班，在某选煤厂临时供电变压器台上，发生一起触电事故，死亡1人。

1. 事故经过

段长上午安排架子工工长用塔吊吊装4号栈桥混凝土板。11时30分，架子工4人吊装一块板时，搭吊起重臂发生不能起落故障。午饭后，工长说变压器跌落式熔断器掉下来1个，没找到电工。架子工急于吊板，就去考勤室找到电工班长并说明情况，电工班长就拿上工具和绝缘杆去变压器台。到现场后，架子工与安检员等研究吊板事宜，电工班长独自1人将熔断器A相拉下，接好后又送上A相，不到1 min又掉下来。电工班长将B相拉下，又拉C相。因C相早已损坏并用2.5 mm^2胶质线捆绑住，所以拉不下来。电工班长就到变压器盖上将捆绑C相的胶质线掐断，C相脱落。他又把A相保险丝更换送上，又下变压器台送C相，送不上。电工班长在地上拾起掐断的胶质线头，将绝缘杆支在变压器台护栏上，随即独自1人又上变压器。他双脚踏在油枕上，左肘靠在有接地线的横担上，当双手用胶质线头捆绑C相时，只听“哎哟”一声，电工触电坠地。

2. 事故原因

（1）直接原因：违章作业触电。七级电工班长进入变压器台修理跌落式熔断器，不穿绝缘靴子、不戴绝缘手套，在3 000 V变压器台上带电作业。独自操作无人监护，用手违章绑扎熔断器造成触电。

（2）间接原因：① 安全监察不力。安全检查员正在作业现场，发现电工班长独自进入变压器台带电违章作业，未加制止。② 电工作业马虎、应付，忽视安全，C相熔断器事故前就已损坏，违章用胶质线捆

绑，还强行送电。

3. 事故教训

严禁带电违章作业；操作高压设备应戴绝缘手套，穿绝缘靴，挂接地线，使用的劳动防护用品的绝缘等级要与电压等级相适应；电工作业要按规章操作。

四、机电维护员违章作业导致的装岩机铲斗砸人事故

【案例9-31】 某年12月7日21时5分，某煤矿掘进二区机电维护员在−700 m辅助运输巷迎头修复装岩机时，由于处理不当，造成液压千斤顶急剧卸压，铲斗下落，砸死1人。

1. 事故经过

12月7日中班，该掘进头的任务是出矸石。班长兼装岩机司机在工作中发现装岩机左侧升降油缸与曲臂的联接销子窜出掉落，无法继续工作，即下车检查，将右侧的安全销插在右侧的保险孔内，而左侧的安全销因缺少无法修复。这时，班长安排1名工人用1根1.5 m长的2寸钢管在装岩机铲斗下打上点柱，后又安排机电维护员进行修理。在修理过程中，维护员让班长升降铲斗，试图将联接销穿入孔内。经多次试穿失败后，在没有检查安全防护设施的情况下，擅自钻入铲斗下面拔控制液压千斤顶的油管。当强行撬掉U形卡子拔出下腔油管时，千斤顶急速卸压，铲斗从1.2 m高处急速落下，砸在维护员身上，维护员当即死亡。

2. 事故原因

(1) 在处理装岩机故障时，机电维护员不懂液压控制原理，盲目钻入铲斗下方拔除液压千斤顶下腔的控制油管，致使铲斗千斤顶急剧卸压，铲斗下落，造成这起事故。

(2) 在穿销工作中，机电维护员没有严格执行操作规程，没有采取可靠的防范措施。在铲斗多次升降后，右侧安全销移出，在左侧没有安全销、安全点柱失效的情况下，未进行检查和采取安全防范措施，就进入危险区作业。

(3) 装岩机安全设施不全，缺左侧安全销，带病运转，潜伏着事故隐患。

3. 事故教训

这起事故应吸取的教训是：(1) 机电维修工必须经过正规的工种技术培训，掌握装岩机的液压控制原理、维修技术；提高安全意识和自主保安能力。(2) 在现场指挥的人员必须提出适宜的安全防护措施，制止维修人员违章作业。

五、采煤机司机违章操作导致的滚筒卷人伤亡事故

【案例 9-32】 某年 3 月 17 日 7 时 5 分，某煤矿采煤四区 303 高档普采工作面，由于司机误操作，将站在采煤机旁运料的 1 名工人卷入采煤机滚筒下致死。

1. 事故经过

3 月 17 日 6 时 40 分，按照该班班长的安排，采煤机上行割煤，停在腰巷以下 4 m 处。约 7 时，运料工要从腰巷口向里面运单体液压支柱。因采煤机挡道，运料工便叫采煤机司机把采煤机再往上开点，司机把采煤机开至距腰巷下 0.3 m 处停机。采煤机停下后，1 名工人站在采煤机滚筒附近，准备跨越采煤机帮助运料工传料。当运料工接到第 5 棵料并把它放在刮板输送机里后，就让采煤机司机打信号开刮板输送机往下带料。该司机打了 2 次信号，输送机均未开动。当其再一次打信号时，因操作失误，把采煤机按钮当作输送机按钮按动了，采煤机滚筒运转起来。采煤机副司机发现采煤机滚筒转了起来，突然看到滚筒前约 30～40 cm 处有人，就大喊：“快躲开！”

2. 事故原因

(1) 采煤机司机工作不细心，操作失误，导致采煤机滚筒运转伤人。

(2) 违反采煤机停机操作规程的规定，未将管制器、离合器、分配阀等手把全部打回零位，并关闭喷水管。

(3) 违反《煤矿安全规程》关于“采煤机停止工作或检修时，必须切

断电源，并打开其电磁启动器的隔离开关”，以及“更换截齿或距滚筒上下 3 m 以内有人工作时，都必须切断电源，并打开离合器”的规定。

3. 事故教训

（1）采煤机司机必须按操作规程规定作业，采煤机启动之前认真检查周围环境，进行安全确认，只有在滚筒附近 5 m 范围内没有人员的情况下方可启动设备。

（2）采煤机司机作业时应精力集中，严防发生误操作。

（3）矿和采区的领导应加强“安全第一”方针的宣传贯彻，严格执行规程制度，加大监督检查力度，落实安全责任制，有效地抑制“三违”行为。

第八节　运输事故案例分析

一、扒矿车导致的运输事故

【案例 9-33】 某年 12 月 4 日 5 时 55 分，某煤矿矿井在－330 m 水平南翼大巷充电房前，发生一起工人扒车被挤死事故。

1. 事故经过

12 月 4 日夜班，1 名掘进工未参加工前会，代班长安排他到－330 m 水平充电房拿扒装机铁楔，然后再去掘进头。此人到充电房未找到铁楔，5 时 55 分送人电车从充电房前通过，他见本班工人坐在矿车内，就急忙跑出扒车，还未扒上矿车就被挤搓在车帮和碹墙间，拖带 40 m，致使内脏受伤，多处骨折而死亡。

2. 事故原因

工人违章扒矿车是这起死亡事故的直接原因。

3. 事故教训

必须严格执行《煤矿安全规程》规定：列车行驶中和尚未停稳时，严禁上、下车和在车内站立；严禁扒车、跳车和坐矿车。这些规定是从血的教训中得到的，工人必须遵守。工人必须提高安全观念和自我保安能力，杜绝各种侥幸心理。

二、绞车司机违章操作断电放车导致的运输事故

【案例9-34】　某年2月2日9时10分，某煤矿林业科二井一段绞车道发生一起跑车事故，死亡3人。

1. 事故经过

2月2日7时，八点班生产会上，井长安排3名轨道工把二路的钢轨给22队放下去，并强调要注意安全，防止碰伤手脚，人员不能蹬车，入井时坐胶带。8时30分，把钩工将3辆重车甩到左车场重车道；把空车道上的10辆空车拉上去，3名轨道工装好4根钢轨并用8号铁丝捆好。8时45分左右，把钩工将车提到正道上，扳好道岔，绞车开始下放。当车行至井上口时，3名轨道工先后蹬上矿车。车速逐渐加快，把钩工发现车速过快即打了一遍慢放点，车没减速；紧接着又打了一遍慢放点，车既没减速也没停下。只见车速越来越快，不一会儿大绳剧烈地跳动一下就停止了。这起跑车事故致使3名轨道工当场死亡。

2. 事故原因

(1) 绞车司机违章作业，采用断电放车的操作方法，放车超速，无法控制，导致断绳跑车。

(2) 轨道工违章蹬车。

(3) 绞车设备状况低劣，原有的限速保护装置不全。

3. 事故教训

(1) 加强对绞车司机的技术培训和安全教育，不得违章操作，不得不送电放飞车；制动时要措施得当，要防止导致断绳跑车。

(2) 要严格管理，制止工人违章作业。如果3名工人不蹬车，即使跑车也不会伤人。

三、违反绞车道“行车不行人，行人不行车”规定导致的运输事故

【案例9-35】　某年3月11日，某煤矿采煤三区爆破队在－430 m中转人车处发生意外事故，爆破工赵某被刮入车下致死。

1. 事故经过

3月11日夜班，该煤矿采煤三区爆破队中心组长冯某在班前会上安排爆破工赵某到705号8平下6幅西川爆破。散会后，赵某乘人车入井，到−430 m火药库领取雷管、火药。当领完雷管、火药准备转乘−430 m中转人车时，坐在站台台阶上候车，被由−392 m下行的车辆刮伤，经抢救无效死亡。

2. 事故原因

(1) 爆破工赵某自主保安意识不强，违章进入人车运行中的绞车道，导致事故的发生。

(2) 由矿公安处负责维持乘车秩序的−430 m中转人车站执勤人员渎职脱岗，使人车出入口处的小铁门严重失控，致使入井职工随意进入站台。

(3) 矿公安处人车保安队对执勤人员管理松懈，没有跟班领导巡回检查，岗位安全责任教育不到位，致使执勤人员没有认识到本岗位的重要性，导致空岗、漏岗，酿成事故。

3. 事故教训

必须严格执行规程中有关规定，绞车道行车不行人，行人不行车。为了保证绞车道的行车安全和人身安全，矿里专门在绞车道与人车站道口之间设立了封堵铁门，并由矿公安处保安人员专人把守，禁止入井人员进入站台内候车。可有些人就是置规章制度于不顾，想怎么干就怎么干，其结果只能是害人害己。

四、入井前喝酒、开车睡觉导致的运输事故

【案例9-36】 某年1月15日1时15分，某集团公司第一工程处矿二工区施工某煤矿二井风井时，发生一起斜井人车过卷坠落事故，死亡1人，重伤1人。

1. 事故原因

(1) 直接原因。接班的绞车司机班前喝酒，开车时睡着了。当人车拉出井口时，把钩工打停点，他没有听到，把人车拉下桥头，造成这起

事故。

(2) 间接原因。① 桥头过卷保护装置被短接而不起保护作用。② 副司机到电控室睡觉,没有起到监护作用。③ 电气维修工安全素质差,误认为把桥头过卷保护甩掉后,室内过卷保护没有问题。实际两个过卷保护是串联的,其中一个甩掉,另一个也不起作用。此情况并没有通知绞车司机,绞车司机也认为安全保护恢复正常而开车。④ 调度员在没弄清过卷保护是否处理好的情况下,没请示工区主管领导就默许绞车司机开车。

2. 事故教训

(1) 加强对要害岗位的管理,对绞车司机进行安全思想教育和安全技术培训。

(2) 为确保运送人员安全,必须按《煤矿安全规程》规定:在交接班升降人员的时间内,必须由正司机操作,副司机必须在旁监护。这次事故是因违反规定,副司机在睡觉,没起监护作用;司机班前喝酒,操作中睡觉而引起的。

(3) 一定要杜绝“三违”现象,这起事故是平日反“三违”不严的结果。

(4) 为确保绞车运输安全,按《煤矿安全规程》的规定,绞车必须安装一系列的保护装置,各项保护装置必须灵敏、可靠。该处维修工在没有处理好故障的情况下,采取任意甩掉保护装置的方式,违反了《煤矿安全规程》中的有关规定。这种违章行为在该处被干部、工人认同,没有人制止。以上的违章违纪,导致了事故的发生。

第九节　爆破事故案例分析

一、爆破未设警戒,导致爆破崩人事故

【案例 9-37】　某年 1 月 14 日 11 时 40 分,某煤矿掘进二区在 −330 m 水平东翼 20514 运输巷施工时,发生爆破崩人事故,死亡 1 人,轻伤 1 人。

1. 事故经过

14日早班，除正常掘进外，区长还安排6人扩大临时车场施工。班长分工4人打眼爆破，2人推车。10时30分左右，在巷道上帮上半部分打好了3个0.4 m深的炮眼，至11时30分，又打了6个炮眼。装药联炮之后，其余5人外出休息，只有爆破工耿某1人做爆破准备工作。因贯通20514回风巷的通道口无人警戒，爆破前，耿某在距起爆点的10 m处，朝20514回风巷方向看了一眼，见无人向外走，便到距起爆点38.4 m处开始爆破。正当爆破工朝外走时，该区2名干零活的工人从通道口出来，一前一后途经爆破处，这2名工人均被崩伤。1人因伤势过重经抢救无效死亡，1人轻伤。

2. 事故原因

(1) 违反爆破有关规定、未设警戒，致使人员误入爆破危险区。

(2) 放松现场管理。区、班长重生产轻安全，工作安排不细，爆破管理制度不落实，发现工人违章操作不予制止。

3. 事故教训

这起爆破崩人事故很简单，就是爆破时未设警戒，2名工人误入起爆处所致。若总结教训的话，主要是加强安全教育和安全管理的问题。应吸取的教训有：(1) 要进一步加强“安全第一”的思想教育，提高广大职工特别是领导干部贯彻执行“安全第一”方针的自觉性。(2) 要加强法治观念的宣传教育，对《煤矿安全规程》的每一条规定都要严格执行、一丝不苟，不执行就是违规，在某种意义上讲就是违法。(3) 要加强安全知识教育，提高每个职工的安全技术水平和自我保安能力。(4) 要加强井下生产管理，科学合理地调配人力，做到各司其职、各尽其责，这样才能保证安全生产。

二、爆破警戒距离不够，导致爆破崩人事故

【案例9-38】 某年9月8日2时25分，某煤矿开拓一区在223采区二阶段风巷翻修，造成违章爆破事故，死亡1人，重伤1人。

1. 事故经过

9 月 8 日零点班出勤 4 人，另有跟班副段长和班长，共计 6 人。班前由副段长具体布置任务和安全教育，当班爆破工没来，并指派当班班长兼爆破工。班长指派 1 人去采煤工作面一侧放警戒，其余 2 人收完工具往外走，大约走到 60～70 m 停下。这时班长和副段长也出来了，班长喊“爆破啦”，开始爆破。但放两次都没响，4 人一起来回检查两次炮线，最后发现距爆破地点 44.2 m 处炮线铁丝折断（外皮完好），爆破工就掐断外皮，与副段长一起就地躲在巷道下帮爆破，当时另 2 名工人分别躲在距爆破工 4.4 m、6.85 m 的巷道上帮。炮响后，副段长喊“爆破完了”，想叫人进工作地点作业。一回头，见近处的 1 名工人趴在地上，另一人歪着头斜靠在地上满脸是血，前者已死亡，后者受重伤。

2. 事故原因

（1）跟班副段长带头违章作业，违反《煤矿安全规程》的规定，在井下糊炮爆破铁腿，造成事故。

（2）班长兼爆破工，见副段长违章作业不制止，协助绑火药，并违犯作业规程关于爆破警戒线距爆破地点的相关规定，爆破线只有 44.2 m，待避人员距爆破地点也只有 48.6 m 和 51.0 m。

（3）伤亡的 2 人已学习作业规程，没按规定的警戒距离进行待避，自主保安能力差。

违章爆破危害多

3. 事故教训

这起爆破崩人事故的主要原因是爆破线的警戒线距离不够，违反《煤矿安全规程》的规定，在 44.2 m 处就爆破，待避人员距爆破地点也只有 50 m 左右。《煤矿安全规程》规定的躲炮距离是若干次教训的总结。对此，煤矿职工务必有一个清醒的认识，并持严肃的态度，认真贯彻执行《煤矿安全规程》规定。

三、不执行“三人连锁爆破制”导致的爆破崩人事故

【案例 9-39】 某年 3 月 22 日，某煤矿采煤三区发生一起爆破恶性伤人事故。

1. 事故经过

3 月 22 日新一班，某煤矿采煤三区 131 队杨某小组在 705 号 2 平下西工作面回采。当工作面前头垛装完炮后，组长杨某派完警戒员，安排李某接炮，他就和爆破工申某一起将爆破母线拉到刮板输送机口。当放完两响炮后，爆破工申某觉得距爆破地点太近，又往刮板输送机口下边拉爆破母线。这时李某再次进工作面接炮，组长杨某随爆破工往刮板输送机口下边走，申某拉完爆破母线回头看见有灯亮往下来，误认为李某接炮回来，立即起爆，将正在接炮的李某崩伤，险些造成死亡事故。

2. 事故原因

这是一起由于爆破工严重违章作业造成的事故。《煤矿安全规程》明确规定了“三人连锁爆破制”，而爆破工在爆破时没有执行“三人连锁爆破制”，不将起爆钥匙交给接炮人，接炮人也不向爆破工要起爆钥匙。在没接到爆破指令的情况下擅自起爆，造成这起爆破崩人事故。

3. 事故教训

这是一起违章作业引发的事故。《煤矿安全规程》明确规定井下爆破实行“三人连锁爆破制”，而爆破工、生产组长、瓦斯检查员均置规章制度于不顾，在这 3 个人当中，没有 1 人坚持“三人连锁爆破制”的原则。这一事故虽然侥幸没造成人员死亡，但它足以告诉人们，进行爆破

作业时，无论是爆破工、接炮人、瓦斯检查员都要严格执行“三人连锁爆破制”，这样才能避免爆破崩人事故的发生。规章制度不落实，就等于对人的生命不负责任。

四、违章处理瞎炮导致的爆破崩人事故

【案例 9-40】 某年 4 月 28 日，某煤矿开拓队处理瞎炮时，瞎炮突然爆炸，死亡 1 人。

1. 事故经过

4 月 28 日，某煤矿开拓队魏某班在二道巷十六道半石门下山打岩巷掘进，6 点班开工后，第一茬放了 4 个掏槽炮，其中 1 个没响；第二茬炮共打 8 个眼，每眼装药 1.5 个，起爆后只响 1 炮，7 炮未响。经确定是瞎炮后，爆破工武某便和班长魏某等 3 人采取打平行眼的办法进行处理。第 1 个眼距瞎炮 0.14 m，第 2 个眼距瞎炮 0.17 m，第 3 个眼距瞎炮 0.2 m，均未发生事故。第 4 个眼距瞎炮 0.2 m，当打完向外拔钻杆时，瞎炮爆炸，爆破工武某负重伤，经抢救无效死亡，班长魏某受轻伤。

2. 事故原因

(1) 违章处理瞎炮。平行眼与瞎炮的距离没有达到《煤矿安全规程》中规定的 0.3 m 的要求，造成事故。

(2) 矿领导忽视对职工的安全教育。职工的安全生产技术水平低，制度不严。

(3) 雷管质量差。该矿使用的是第十二段毫秒雷管，事故发生后通过对 240 发雷管进行试验，发现失爆现象严重。

3. 事故教训

(1) 爆破时一定要按《煤矿安全规程》和操作规程规定作业，尽量做到不留瞎炮；如果需要处理瞎炮，补打平行眼与瞎炮眼的距离一定要达到 0.3 m 的要求。(2) 从火药厂购买雷管时，一定要注重质量，矿火药库发送雷管之前要进行试验，要严把质量关。(3) 要加强对职工的安全教育和培训，提高安全意识和技术操作水平。

第十节 中毒窒息事故案例分析

一、干部违章指挥导致的中毒窒息事故

【案例 9-41】 某年 8 月 27 日 21 时 40 分，某煤矿发生一起一氧化碳中毒事故，死亡 10 人。

1. 事故原因

经调查，确认发生这起事故的直接原因是井下发火，一氧化碳气体严重超限。这起一氧化碳中毒事故发生之后，矿长在不了解井下发生了什么灾害的情况下，就独断专行，盲目指挥，不听劝阻，强迫他人下井救人，结果导致了事故的扩大。

2. 事故教训

（1）领导干部缺乏“安全第一”的思想，安全意识淡薄，安全知识缺乏，这是最大的事故隐患。如果矿长具备起码的安全意识和救灾常识，这起事故也可能不会演变成多人伤亡的重大恶性事故。因此，对矿长任职资格的考核，必须严格。

违章指挥

(2) 工人必须真正行使抵制干部违章指挥的权利。如果在干部违章指挥面前,不是下级盲目服从上级,就不会造成 10 人死亡的严重后果。

(3) 从干部到工人缺乏煤矿安全知识,对自然灾害的严重性认识不足。因此,加强对职工的安全技术培训,使其掌握井下自然灾害的基本知识、防范方法,增强自主保安意识,是十分重要的。

二、不设置栅栏、不挂警示牌导致的中毒窒息事故

【案例 9-42】 某年 7 月 28 日 7 时 20 分,某煤矿一井通风队 3 名工人误入 1202-4 采煤工作面的盲巷,导致窒息死亡。

1. 事故原因

(1) 7 月 26 日,1202-4 回风巷掘进工作面供风的局部通风机因故障停止运转,没有按规定在巷口设置栅栏、挂警示牌,因而 3 名工人误入盲巷,这是造成窒息的直接原因。

(2) 局部通风机发生故障后,不及时安排修理或更换,直到发生事故仍不能恢复通风,因而不能及时排除积存瓦斯去救人,延误了抢救时间。

(3) 通风瓦斯管理不严。① 1202-4 回风巷的局部通风机没有指定人员看管。② 瓦斯检查员明知局部通风机停止运转,既不查明原因也不汇报,反把巷口检查的瓦斯数据填报成回风巷的瓦斯浓度,以致没有引起有关领导的重视,有关领导与基层干部缺乏深入检查监督。

酿成事故的条件是 1202-4 回风巷内瓦斯积聚、缺氧。巷道内瓦斯积聚和缺氧的原因为:① 三分层采后未经灌浆,而此巷又是内错布置在采空区之下。② 两天没有通风。诱发事故的原因为:班长没有亲自带领工人到五石门去执行任务,以致先走的工人无意中走过了布置作业的地点又向里多走了 30 多米。

2. 事故教训

这是一起不该发生的责任事故,一处隐患没有及时排除,夺去了 3 条人命,令人心痛。假如班组长亲自带领工人到工作地点作业,同下

井、同升井，工人熟悉井下作业地点附近的巷道情况，就不至于发生这起事故。假如局部通风机有指定人员看管，发生故障后及时排除，恢复正常通风，就不会造成瓦斯积存。假如停风的盲巷按规定设置栅栏和警示标，人员就不会进入，不会造成窒息死亡。假如瓦斯检查员认真负责、及时汇报，引起领导重视并及时修复局部通风机，恢复通风，事故就可以避免。假如各级领导干部下井能及时处理安全隐患，对已停风两天、未加管理的盲巷提出处理措施，那么这起事故也可能不会发生。

三、乱采滥掘导致的中毒窒息事故

【案例 9-43】 某年 5 月 25 日 6 时 15 分，某煤矿发生一起一氧化碳中毒事故，死亡 8 人，伤 2 人。

1. 事故原因

（1）直接原因：某煤矿独眼井违章开采。井田矿点布置过密，致使井下巷道及采空区互相连通，形成井与井之间的角联通风网络。即井口地势低和通风机功率大的井口入风，反之则排风，造成风流不稳定。该矿与已停采并有自然发火的 3 个矿相邻。一氧化碳通过矿间连通的采空区裂隙等渠道，渗透至某煤矿。该矿当天白班生产，零点班、四点班停采、停风，造成一氧化碳浓度超限，引起中毒事故。

（2）间接原因：① 矿长和管理人员不懂采矿安全和煤矿通风常识，违章指挥生产。② 该矿无专职瓦斯检查员，开工前没有检查一氧化碳浓度。③ 该矿在办理采矿许可证延续手续时，有关部门把关不严。④ 行业管理力度不够，该矿在无作业规程、图纸的情况下，仍在长期开采。

2. 事故教训

某煤矿“5·25”一氧化碳中毒事故是一起典型的人为责任事故。应吸取的教训是：（1）必须按《煤矿安全规程》规定，每一矿井必须有 2 个安全出口，形成独立合理的通风系统。（2）必须设有专职瓦斯检查员，检查有毒有害气体。（3）小煤矿必须合理布局，统一规划，矿与矿之间严格遵守矿界范围，不得连通，并要留足隔离煤柱。（4）严格采矿许可证的审批手续，加大行政管理力度。

四、冒险蛮干导致的中毒窒息事故

【案例 9-44】 某年 3 月 17 日 18 时，某煤矿 −615 m 水平六条带煤掘进头管子道处发生一起瓦斯窒息事故，死亡 2 人。

1. 事故经过

当班队长派 2 名青年工人到六条带独头斜管子道回收紧链器和水绳，并强调事先找瓦斯检查员检查瓦斯，不能自己钻栅栏。二人接受任务以后，先后两次找了瓦斯检查员要求排放瓦斯。但因没有局部通风机和无人看局部通风机而无法排瓦斯。队长发现他们 2 个人仍在六条带门口等着，就说：“你们等着排瓦斯吧，我不再来了。”2 名青年工人为了早完活早升井，趁瓦斯检查员不在，就钻进栅栏内取出紧链器，2 人感到没事，第二次又钻进栅栏内，到斜上管子道去取水绳，刚往斜上走了 30 m，便被瓦斯窒息。班里误认为他们早已升井回家了，直到过了 20 多个小时家属来找，才派人入井查找，发现二人在六条带独头斜管子道里已经死亡。

2. 事故原因

(1) 违章冒险作业。当时队长和瓦斯检查员都三令五申，不排瓦斯不能进去工作。2 名青年工人无经验，为了早升井而冒险作业。

(2) 对青年工人缺乏安全知识和有关安全生产的法规教育，部分青年工人不了解瓦斯的性质和危害以及相关规程要求。

(3) 违犯了“临时停工的地点，不得停风”的规定，造成了瓦斯积聚。

(4) 干部安全责任制不落实，有布置无检查。本来 2 名青年工人已汇报暂时无法排放瓦斯，可是队长没有叫他们俩归队，反而让他们继续等待排瓦斯。而且，升井前队长也没有到该处检查任务完成情况，工人是否升井了。

3. 事故教训

这起事故的直接原因是 2 名青年工人没经验，违章冒险作业所致，必须吸取的教训是:(1) 加强对青年工人的安全思想教育和技术培训工作。(2) 加强通风管理,“临时停工的地点,不得停风”,尤其是临时停工的独头掘进工作面,更不能停风。(3) 一旦停风,瓦斯检查员必须坚持经常检查瓦斯,并设置栅栏、警示标,任何人不得擅自入内。(4) 要落实干部安全责任制,严格入井和升井清点人数制度,避免人员丢失。

第十章

反“三违”行为管理方法与预防对策

全员有责反“三违”，
侥幸心理必受累。
自醒他警当慎独，
过街三违人人捶。
班组全时重教育，
查改重罚责任追。
逢查必考重培训，
素质提升压力推。
规程法条应内化，
重大责任入刑罪。

第一节 反“三违”行为管理方法

一、破窗理论

如果一个建筑物的窗户玻璃被人打坏了又得不到及时维修，别人就可能受到某些暗示性的纵容去打烂更多的窗户玻璃。久而久之，这些玻璃就给人造成一种无序的感觉。在这种公众麻木不仁的氛围中，不良风气就会滋生、繁荣。

二、反“三违”行为有效管理手段

1. 自我杜绝“三违”行为——自律严格要求自己

安全首先要做到的就是学会自我保护，提高自己的安全意识，保证自己事事、时时将规章制度的要求严格执行到位，对正确规范的工作指挥严格服从并执行到位，没有任何的折扣。

2. 杜绝他人违规违纪行为——六阶法

（1）提醒督促。在工作中，一旦发现他人存在违规违纪行为，每个人都有权力与义务及时提醒，督促其按照规范的要求作业。

常见的督促方法：① 每天定时巡查监督提醒；② 采取突击式检查提醒；③ 联合其直属领导共同巡查提醒；④ 安装语音广播器，在可能发生事故的某个场所，在人去或靠近该场所时，及时提醒制止；⑤ 张贴醒目的安全警示标牌；⑥ 张贴醒目的安全操作规程。

（2）提出建议。在提醒督促的过程中，给予合理化的改善建议或方法，以便违规违纪人员参考使用，将工作中存在的风险尽可能降低到可容许范围或消除，尤其在工作行为被发现存在违规违纪的情况下，不仅要及时提醒督促，还要对责任与义务提出可行的建议或思路。

（3）强行制止。在工作中发现他人存在违规违纪行为时，任何人都有权力与责任及时提醒督促、给出建议。若责任人不听劝告，任何人都有权力予以强行制止，防止不安全行为继续发生或蔓延扩大化、严重化。

常见的强行制止方法：① 勒令停业；② 从现场赶出违规违纪之人并第一时间内上报领导；③ 在确保安全前提下拉闸停电，停止电能供给。

(4) 及时纠正。对待违规违纪行为，不仅仅要及时提醒督促、提出建议、强制停止，更要详细告知正确的做事行为。

(5) 检举揭发。只要发现存在违规违纪行为，在制止其行为的同时，根据违规违纪行为的严重性，必要时进一步向上级反映报告，检举揭发一切不安全行为，杜绝因不安全行为引发的一切不安全事件与事故，宁可被怨恨甚至被嘲笑怒骂，也要第一时间检举揭发。管安全的一个目标：宁可被人唾骂、孤立、怨恨等，也不愿看到他人受到伤害。

(6) 持续检查。要想杜绝他人的违规违纪行为，必须树立每个人都有监督检查的权力与责任的安全文化。检查分为：① 同一场所内的互相监督检查；② 上对下的持续安全监督检查；③ 安全部门的专业性安全检查。

3. 杜绝违章指挥行为——三阶法

(1) 拒绝执行。在工作中发现领导存在违章指挥行为时，任何人都有权利拒绝服从，以防止因违章指挥行为伤害自己和他人的健康与安全。

(2) 提出建议。在拒绝违章指挥行为的同时，诚恳、友善地向领导提出正确的做法建议，必要时以公司的规章制度、操作规程、标准规范、法律法规等作为提出正确做法建议的依据。

(3) 检举揭发。若领导不听劝阻或强迫执行，任何人都有权利第一时间检举揭发，比如：① 越级上报；② 向政府监管部门举报。

4. 家庭帮教

由所在单位工会、安全管理部门共同组织违章人员家属开展安全交流会，从家庭的角度探讨安全的重要意义，共同消除“三违”行为的侥幸心理，发挥党政工团的作用。

三、班组现场反"三违"行为管理

1. 班前

（1）三查。

① 查着装。入井前，要检查作业人员是否穿工作衣、戴安全帽、穿胶靴等。

② 查精神。入井前，要检查作业人员精神状态，看作业人员精神是否良好，有无精神不集中、不正常现象。

③ 查个人安全用具。入井前，要查看作业人员是否随身携带自救器、防尘口罩等安全用具。

（2）三交。

① 交任务。开班前会时，向职工交代清楚当班的工作任务，使每个职工做到心中有数，有的放矢地干好本职工作。

② 交安全。开班前会时，向职工交代清楚作业现场的安全条件、安全状况、上一班存在的问题和安全注意事项。

③ 交技术。开班前会时，向职工贯彻作业现场的作业规程或安全技术措施，使职工干活有标准、作业有尺度。

2. 班中

班中严格执行"四查"。

① 查思想。生产作业中，关注职工的思想变化，看有没有存在思想问题的职工。一旦发现职工有思想问题，要及时疏导教育，使其保持良好的思想状态。

② 查行为。生产作业中，注意观察职工的行为，对有不安全行为的职工要及时制止和教育其改正不安全行为，引导职工按照作业规程和操作规程作业。

③ 查管理。生产作业中，矿领导或管理部门人员检查现场管理情况，看是否有管理混乱、违规生产情形。

④ 查隐患。生产作业中，安监人员检查现场安全状况，看是否存在安全隐患，发现隐患后督促现场人员及时整改。

3. 班后

班后落实"四结合"：① 与技能锻炼结合；② 与员工个体差异结合；③ 与警示教育结合；④ 与班组活动结合。

4. 准军事化管理

出入井列队行进，穿戴整齐，严格执行准军事化管理，提高团结意识。

四、班组反"三违"行为管理要点

(1) 端正态度，提高反"三违"行为的认识。

(2) 认真学习《煤矿安全规程》，掌握安全防护知识。

(3) 从我做起，从现在做起，力戒"三违"行为。

(4) 虚心接受别人对自己的"三违"行为的监督。

(5) 同"三违"行为作斗争。

(6) 善于总结正反教训，吸取教训，防止"三违"行为发生。

(7) 加强业务技术学习，提高能力，杜绝"三违"行为发生。

(8) 结合岗位实际，制定防范"三违"行为的措施。

第二节　反"三违"行为治理对策

一、治理"三违"行为的基本步骤

1. 规范制度

治理"三违"行为的规范制度是一把具体的标尺，便于衡量和规范企业与员工的行为，保证了企业治理"三违"行为有章可循。

2. 培训宣贯

治理"三违"行为的规范制度正式使用后，首先要做的就是对企业所有的员工进行新制度培训。

3. 执行

无论多好的制度，如果没有执行，都只能是纸上谈兵，得不到有效落实。治理“三违”行为制度执行的好坏，是反“三违”行为工作能否顺利进行的关键所在。

4. 处理

处理“三违”行为时，按照制度进行处理。对于同一次“三违”行为，不能重复处罚，否则会导致员工产生逆反心理。

5. 处罚

必须处罚情况：违反禁令；重复“三违”行为；明知故犯；违章指挥；不服从管理。

6. 检查审核

在进行检查审核时，应该整体与重点兼顾。对于企业整体情况，要做到全面、到位，不能留死角。对于重点部位应该着重关注。

“三违”行为是企业最常见的不安全行为，是安全管理中的重点。员工是组成企业的一分子，要做好反“三违”行为工作，离不开全体员工的参与。员工应该树立反“三违”行为、人人有责的观念，争做企业的主人翁，把企业的发展当作自己的事业，共同创造企业安全管理的新局面。

二、安全行为的养成要求

1. 主动学习、磨炼

（1）关键点：① 勤奋苦学，提高知识技能的水平；② 养成学习习惯，勇攀知识技能高峰；③ 各种作业操作动作的养成训练。

（2）要求：① 勤奋苦学，提高知识技能水平；② 积极参加各种竞赛活动；③ 自觉苦练技能。

2. 主动了解安全信息

（1）关键点：① 认真参加班前会；② 仔细安全通报；③ 认真进行现场交接班；④ 认真接受安全警示。

（2）要求：① 准时参加班前会，认真听（全面收集安全信息），主动想（预测安全风险）；② 现场交接班，详细了解作业现场的安全条件、作业要件的安全状态及现场危险因素、安全隐患；③ 认真阅读安全信息通报，接受安全警示、预测预报、及时提醒。

3. 作业时安全确认

（1）作业准备。接班后进行设备、环境状况的确认。

（2）作业方法。按照标准化的作业规定，对作业方法进行确认，确认无误后才允许启动设备、开工作业。

（3）设备运行安全。设备开动后，应对设备的运行情况是否正常进行确认。

（4）关闭设备。按照标准化作业规定，对关闭设备的作业方法确认后才允许关闭设备。

（5）对参加作业的人员、人员的作业位置、作业方法、指挥联络形式、作业中出现异常情况时的对策等进行确认。

4. 自觉遵守服从

（1）关键点：① 服从命令，听从指挥，令行禁止；② 一举一动，规章至尊；③ 遵章指挥，遵章作业，严守纪律，杜绝“三违”。

（2）要求：① 自觉接受安监检查、指导，自觉苦练技能；② 自觉爱护、维护安全设施；善于分析，确保作业动作的规范化、自觉执行规章制度、标准化，实现最优化、精细化；③ 主动自学；④ 取证上岗，一专多能。

5. 自觉调适身心

（1）关键点：① 吃好睡好休息好，保证工作精力充沛；② 乐观开朗情绪好，自我平衡心态好；③ 排除一切心理干扰。

（2）要求：① 高度重视休息和饮食起居，戒除不良嗜好和不良生活习惯；② 尽量参加体育锻炼；③ 妥善处理人际关系；④ 多与人沟通交流。

6. 建立员工反“三违”意识

员工反“三违”安全意识的建立是一个长期的、持续的过程，可以通过以下不同的方式来进行。

（1）对员工进行安全教育。（2）开好班前班后会。（3）开展安全活动。(4) 严格考核“三违”行为。

第三节　企业预防“三违”行为的对策

一、强化思想教育，提高职工安全意识

内因是变化的根据，外因是变化的条件，外因通过内因而起作用。因此，加强对职工的安全思想教育，使之牢固地树立起“安全第一”的思想，真正把“安全第一”的方针变成自己的第一需要，变成自己的自觉行动，是矫正员工违章行为的主要途径。

政治思想工作可以激发职工爱党、爱国家、爱集体的热情，使他们具有高度的政治思想觉悟，意识到自己是企业的主人，自己的行为关系到国家、企业财产和他人的幸福和安全。这样，可以抑制非理智行为的产生，使职工克服困难和干扰，专心做好本职工作。政治思想工作是克服非理智行为的重要方法和手段，任何管理者都不能放弃这一行之有效的方法和手段。但一定要注意，针对不同的对象和原因，应因地制宜、有的放矢，既有大道理又有小道理，切忌空话、大话和无关痛痒的说教。

二、依靠职工，调动他们的积极性

依靠职工是充分调动职工积极性的前提和基础。要想搞好安全生产工作，单靠哪个部门，哪一个或哪几个人是根本不行的，必须要动员全矿职工。煤矿职工高度的责任感、创造热情和献身精神，从根本上讲，就是由职工主人翁精神引发出来的。目前，一些煤矿职工生产积极性不高、安全意识不强与他们没有明确认识自己的主人翁地位或者这种地位没有得到切实有效的保证是分不开的。因此，要调动职工的安全生产积极性，首先就应把全心全意依靠职工的方针落实到具体工作中，在制定安全生产方针的过程中，坚持“从群众中来，到群众中去”的工作方法，虚心听取广大干部职工的意见和心声，充分发挥职工代表大会的作用，使出台的政策、措施既符合企业自身发展要求，又与广大干

部职工的意愿相协调。在企业安全生产管理过程中，要善于为职工群众参与管理搭设舞台，创造他们登台表演的条件。如组织民主讨论会、民主评议会、安全咨询会等，借以启发职工认识自己当家作主的地位，发扬职工主人翁精神。协调好人际关系是充分调动职工安全生产积极性的重要途径。

三、从生产实际出发，耐心进行疏导

安全思想教育是一项实践性很强的工作，难度较大。其主要原因是理论同实际往往脱节，其表现是讲起来重要，而实际干起来往往被忽视。因此，首先要把安全教育与开展实际工作结合起来，讲安全要密切联系实际，要有针对性，要克服口号式照抄照搬的简单做法；其次要坚持从加强思想教育入手，围绕增强职工安全质量意识，做好深入细致的思想政治工作。

(1) 坚持不懈地进行案例教育，做到警钟长鸣。在进行案例教育时，要采取“大剂量”、“强刺激”和“和风细雨”的办法。所谓“大剂量”就是增加安全教育的次数，丰富安全教育的内容，扩大安全教育的覆盖面，使每个职工无论在哪里都置身于安全舆论中。所谓“强刺激”，就是对严重违章而又屡教不改的个别职工进行安全知识反复教育，采取各种特殊措施对其进行强刺激，以促使他们幡然猛醒。所谓“和风细雨”就是关注职工的心理和行为，用真心和真情教育职工遵章守纪，用平和的态度及热情阳光的心态帮教关爱职工，细心向职工讲清“三违”的危害，使职工内心感受到温暖和关心，进而重视安全生产工作，在工作中遵章作业、遵守劳动纪律。

(2) 班组要结合本系统、本企业、本车间直至本班组的事故案例进行教育，通过对事故案例的分析，了解事故发生的原因、应该吸取的教训、防范事故发生的措施。事故案例教育可以使职工从事故中看到危害，使班组成员更好地吸取血的教训，引以为戒。经常对班组内发生的微伤、未遂等事故进行案例分析，还可以起到使职工接受教训、改进工作的作用，做到防微杜渐。

(3) 要抓好对不重视安全的危险人员的教育。对工作中忽视质量、不重视安全的危险人员，要有专人重点帮助，动之以情，晓之以理。要耐心讲安全与生产的关系，使其认识到冒险违章作业的危险性。

（4）要使每一个成员了解到有生产过程就有安全问题，就存在物理因素、化学因素、生物因素等危害，职工如不对危害进行预防和控制，或违背客观规律、违反科学原理，就会受到惩罚，有的致人死亡、有的致人残废、有的致人生病。生产中人的不安全行为或设备存在隐患不及时消除，都可能造成矿毁人亡，从而使企业的人、财、物遭到巨大损失，因此安全生产关系到企业的兴衰存亡。处在生产第一线的班组工人，都要掌握和熟悉生产安全知识和事故发生的规律，增强自我保护意识，使“我要安全”成为班组每个成员的自觉要求，使“安全第一，预防为主，综合治理”的安全生产方针真正落实到班组基层，这是安全建设的重要思想基础。

（5）要做好安全责任教育。要增强职工的安全责任意识，职工是企业的主人，同样也是安全生产的主人，每个成员都要对安全生产负责。要教育每个成员增强搞好安全生产的自觉性和责任感，使每个成员从被动的“要我安全”转为主动的“我要安全”，自觉地遵章守纪，严格执行“三大规程”，做安全生产的模范。对于一个煤矿企业来说，从领导到班组长到每一个职工，都应具有牢固的安全责任意识，都要在思想上树立“安全第一，预防为主”的观念，才会形成人人重视安全生产、人人遵守安全纪律、严格按照操作规程和生产工艺要求从事生产活动的安全生产局面。

四、强化安全生产法律法规教育，提高职工法治观念

加强安全生产法规教育，提高作业人员的安全意识水平，使规章制度深扎于作业者脑海之中。由于安全意识时刻参与作业者的心理活动过程，这样就会抑制非理智行为的产生，使作业者时刻保持清醒的头脑。通过安全生产方针和法规教育，每一个成员都能了解安全生产方针的内容，并结合班组的实际，讨论、理解安全生产方针的重要意义，增强法治观念，认清违章作业、违章指挥就是违“法”，从而提高遵章守纪，抵制违章指挥、违章作业的自觉性。

要实现安全生产的法治化管理，建立健全法规是前提，学习宣传法规是基础。只有使各级领导干部和管理人员学法、懂法、知法，才能把安全生产纳入法治化管理轨道。为了普及广大员工的法律法规常识，重点应该在四个方面强化安全法规的学习宣传教育。

(1) 抓安全法规的学习。在学习安全法规过程中，采取自学、集中学、专题学的形式，把国家颁布和制定的各项安全法规传达贯彻到广大员工中去。

(2) 抓安全法规的宣传。利用各种途径和宣传工具，加大安全法规的宣传力度。充分利用板报、电视、演讲、图片、简报、宣传车、宣传材料、幻灯、标语、文艺会演、竞赛等形式，宣传各种安全生产法规的主要内容，营造浓厚的宣传安全法规的氛围。

(3) 抓安全法规的培训。在举办的各种安全培训中，把安全法规作为重点培训内容，不定期地举办各种专题安全法规培训班，重点对各级管理人员、六大工种和各级“安全第一”责任人进行培训。

(4) 抓安全法规的统考。要对全体员工进行安全资格统考，统考的内容是应知、应会的法规常识。统考合格者，才能领到安全资格证书，做到持证上岗；否则，不得上岗。在此基础上，适时地确定一些专题，进行安全管理干部的安全法规统考。

五、关注员工心理、行为习惯，控制人的不安全行为

1. 正确运用激励机制

每个人都有自尊心和荣誉感，要激发和鼓励他们的上进心，必须要有一定的激励机制，才能让职工全身心地做好本职工作。为正确选用激励方式，做到对症下药、有的放矢是至关重要的。

(1) 要掌握相关信息，了解情况，做到心中有数。

(2) 要正确选择激励手段，一般来说正面表扬或奖金容易调动积极性。在一定的条件下惩罚、批评也能起到一定的效果，但应以教育说理为主，以提高他们的思想认识，同时要为被激励者排忧解难，改善不良的心理反应，诱导高尚的动机，引导他们产生积极的行为。实践证明，榜样的力量是无穷的，表扬、奖励一个单位或一个人，就能鼓舞更多

的人；惩处、通报一个单位或事故，能以儆效尤，同样也能教育更多的人。

（3）奖惩激励要及时。当前正处于社会转型时期，经济的快速发展，各种利益主体的互相转化，对个人和集体都会产生各式各样的心理反应。因此，激励手段要及时，不要等问题积累成堆或产生不良后果后才着手处理。

2. 正确运用自我调节机制

所谓自我调节就是要自我控制，从而做到自觉遵守安全操作规程和劳动纪律，保证安全生产。从心理学的角度来分析，人的精神状态与工作效率成正比。但是，精神状态与安全状态不一定是正比的关系。精神状态处于精神稳定期，这时能力发挥稳定，工作起来有条不紊，不易发生事故。因此，要努力提高职工的个人修养，学会自我调节，要有自制力。人逢喜事精神爽，这时的人最容易冲动，要告诫自己保持冷静、淡然的心态，吸取乐极生悲的教训。遇到困难和挫折打击时，不要气馁，要有广阔的胸怀，宠辱不惊，努力摆脱不利影响。在工作压力大或精神状态欠佳的时候，要合理安排工作和娱乐活动，劳逸结合，业余时间多参加文娱、体育健身活动，忘却烦恼，或找知心朋友、同事、领导倾诉，沟通思想、释放压力，自我调节紧张状态。

3. 运用相互调节、制约机制

相互调节、制约就是要相互提醒、相互帮助、相互制约，共同做好安全生产工作。人与人之间的相互理解、默契和支持，会对双方心理状态产生重大的影响。稳定的心理状态与人的安全行为紧密相关，因此相互调节、制约对安全生产起着重要的作用。相互调节、制约就是要相互提醒、相互帮助、相互制约、共同搞好安全生产工作。人际关系之间的相互理解、默契和支持，会对双方心理状态产生重大的影响。稳定的心理状态与人的安全行为紧密相关，因此相互调节、制约对安全生产起着重要的作用。相互调节、制约包括群众调节和制约、领导调节和制约以及组织调节和制约。

群众调节和制约是指人与人之间要形成良好的人际关系，相互关心、相互爱护、相互帮助、相互提醒，看到违章现象要立即制止和纠正。在同事遇到危险的紧要关头，要敢于挺身而出，理智地防止事态进一步发展。在现实生活中，因一句话、一挥手而避免和防止事故发生的事例是不胜枚举的。相互调节、制约就能使我们的周围形成人人、事事、处处讲安全的良好氛围。

领导调节和制约是指领导个人的行为，一方面要以身作则，遵纪守法，率先垂范，绝不违章指挥；另一方面要敢抓敢管，认真组织好本单位的安全生产工作，坚决贯彻执行上级有关安全生产的指示精神，严格落实安全生产责任，建立健全安全生产规章、制度、操作规程。一个单位安全生产工作的好与坏，很大程度上取决于领导对安全工作的重视程度。要真正落实行政一把手就是安全生产第一责任人。只有把安全生产第一责任人和安全生产具体工作者及职工的积极性结合起来，才能形成安全工作合力，实现齐抓共管的局面。

组织调节和制约是指单位要做好安全宣传教育、培训工作，增强全员安全生产意识，提高职工安全素质，尤其是安全心理素质和自我保安能力的提高。当前，应着重抓好“三级安全教育”和特种作业人员的安全教育、持证上岗工作。既抓一般泛在的全员教育，又突出抓重点对象的安全教育，形成人人懂安全、人人讲安全的安全文化环境。

4. 调整安全心理状态，控制人的不安全行为

一个人对环境因素或外界信息刺激的处理程度，决定了人的行为性质与人的心理状态有着密切关系。因此，各级管理人员、安全技术人员，特别是操作者要学习安全心理学知识，掌握心理活动规律，在事故发生前调节和控制操作者的心理和行为，将事故消灭在萌芽状态。这无疑会对安全生产起到积极的作用。

(1) 运用人体生物节律的科学原理，事前预测分析人的智力、体力、情绪变化周期，控制临界期和低潮期，因人、因事、因时地做好思想工作，调节心理状态，掌握安全生产的主动权。

(2) 努力改善生产施工环境，尽可能消除如黑暗、潮湿、闷热、噪声、有害物质等恶劣环境对操作者的心理机能和心理状态的干扰，使作业者身心愉快地去工作。

(3) 要加强日常政治思想工作,经常和职工交流思想,了解掌握思想动态,教育职工热爱本职工作,进而随时掌握职工心理因素的变化状况、排除不良环境的刺激。

(4) 要切实关心职工生活,解决职工的后顾之忧,使作业者注意力集中,一心一意做好本职工作,保证安全生产。

(5) 要合理安排工作,注意劳逸结合,避免长时间加班加点的疲劳工作。人在疲劳状态下,易引起心理活动变化、注意力不集中、感觉机能弱化、操作准确度下降、动作灵敏度降低、反应迟钝等,造成动作不协调、判断失误,从而引发事故。

六、利用经济杠杆,促进安全生产

经济是人们生活中最活跃的因素,也是职工最关心、最敏感、最容易接受的,运用经济手段管理安全,可使企业安全隐患减少,安全状况持续稳定好转。否则,安全隐患增多,事故上升,安全状况不断恶化。当前运用经济手段管理安全的主要办法是:

(1) 坚持正常的安全奖惩制度。煤矿企业根据上级的规定,结合本单位的情况,制定颁发安全生产奖惩办法,规定奖惩周期、奖惩条件、奖惩标准。奖惩严明,按时兑现。

(2) 企业的综合奖惩制度与安全指标挂钩。无论单位或个人,都应根据安全指标完成情况决定奖惩,奖优罚劣,原则分明。

(3) 层层签订安全合同书,以契约形式赋予各级安全生产责任者以相应的责、权、利。

(4) 把风险机制引入安全管理。实行安全风险抵押金,使安全工作层层传递压力,人人承担安全风险。

(5) 把岗位操作标准和安全生产标准化标准落实到生产现场。要想搞好安全生产,必须从落实岗位操作标准和安全生产标准化标准入手,在规范职工的安全行为上下功夫。落实这两个标准,从应知、应会到应该干到什么程度、应该承担什么责任,都要对每个员工提出明确规定和要求,使他们在井下生产过程中,做到有标准、有要求、有规范、有考核、有奖惩。对于员工的岗位作业标准化和安全生产标准化,区队建立严格的检查考核办法，对于出现的“三违”行为，区队都要按“三违”系列标准对号入座，给予处罚。对于“三违”造成事故的责任者，要按照事故处罚规定对号入座，给予重罚。

第四节　个人预防“三违”行为的对策

一、增强自主保安意识，做到“三不伤害”

“三不伤害”是一项群众性的安全自保、互保、专保、共保活动。这项活动的开展，在实践中已得到验证，对降低伤亡事故的发生起到了重要作用。所谓“三不伤害”是指“不伤害自己，不伤害他人，不被他人伤害”。

(1)“三不伤害”活动内涵极为丰富、外延非常广泛。

“三不伤害”活动是以人的安全行为为对象，以自我为主线，以岗位工作程序化、行动规范化、操作标准化为主要内容，以无事故或最大限度地减少事故为目标，在生产中规范“我、你、他”的关系。从系统工程观点出发，引入系统分析的方法，采取科学程序，引导每个职工从整个空间范围着眼，对自我的岗位、工作任务、所操作和使用的机器、工具、设备等，即从人、机、料、法、环、信息、管理等各种要素入手，去分析辨别各种致害因素。

(2)“三不伤害”活动是实现安全目标管理的基础。

近年来，许多煤矿企业实行安全生产目标管理。按照要求，企业的安全总目标确定之后，需要层层展开，逐级分解，直至每个职工，从而使个人目标同各级组织的目标融为一体，形成一个完整的目标连续体系。但从某些煤矿企业实际运行状况来看，与要求或多或少存在一定的缺陷或不足，其主要表现是：企业的总目标制定后，有的只分解到车间一级，好的也不过分解到班组，至于如何确定职工个人的具体目标，往往既无实质性内容，也无直观的展开形式和实施措施，因而在推行总目标中存在断层现象。现代能级管理原理提示，任何一种稳定的管理结构都应是正三角形的，最上层是决策层，最下层是操作层，不同层次标志着不同的能级，能级不同目标也不同。操作层既是从事生产活动和完成各项任务的基础能级，也是确保上一级目标实现的措施与保证。“不伤害自己，不伤害他人，不被他人伤害”这三句话，既是“三不伤害”活动的中心内容，又是广大职工参与活动追求的个人目标。显然，“三不伤害”的内容实质同推行安全生产目标是一致的。只要在生产活动中每个成员都能坚持执行“三不伤害”，那么，企业实现总的安全生产管理目标也就有了比较坚实的基础。

(3)“三不伤害”活动有利于提高职工安全道德修养。

大工业生产中，强调人与人、岗位与岗位、工种与工种、上道工序与下道工序之间的紧密协作、相互配合，在整个生产过程中绝不允许任何人、任何时候产生丝毫麻痹和闪失。然而，有些单位由于安全思想教育工作削弱，造成部分职工的集体主义观念淡化，相互关心、相互爱护、团结合作、助人为乐的优良传统被遗弃，使安全生产工作深受其害。从“三不伤害”活动的开展，引发出“我为人人，人人为我”的观念，不仅说明“三不伤害”是辩证统一、相辅相成的，也揭示了企业人际关系与安全精神道德的深刻内涵。“三不伤害”既是安全生产法付诸每个职工应尽的义务和职责，又是企业职工精神风貌和安全道德规范的自我延伸与完善，它把“关心人，爱护人，尊重人”的集体主义、自觉遵章守纪、主动维护生产与生产秩序有机地结合起来，使之成为社会的风尚。

(4)“三不伤害”活动有利于推行安全自主管理。

安全需求人皆有之，在一个企业里安全生产是大事，企业是由职工组成的，当然也是职工自己的事。自己的事自己办，自己的安全自己管，才能管严、管细、管精、管好、管出成效。然而，长期以来，由于一些煤矿企业在这个关键环节上没有理顺关系，产生了少数人干、多数人看、其他部门不沾边的管理弊端。尽管带有限制性的各种安全规章制度、措施、办法制定了不少，但因缺少有效的保障体系，往往效果并不明显，这样的教训可能不少企业甚至可以说每个企业都有程度不同的体验。

开展“三不伤害”活动，首先，言简意赅、情真意切，既有吸引力又有亲切感，容易使职工思想上产生共鸣，并在心灵深处扎根。其次，在活动方式上较好地运用了动力原理，不再单纯地把广大职工视为安全管理的对象，而是当作安全管理的动力。同时，注意发挥群体优势和潜力，尊重广大职工的主人翁地位，并致力于挖掘蕴藏在职工中的安全智慧以及在长期生产实践中积累的安全生产经验，调动广大职工自觉参与的积极性和自主管理的责任感。再次，在活动形式上，不单靠行政指令，而是以激励的形式作为强化手段，通过自我教育使人人自觉进入角色，结合个人岗位实际对生产工艺、机械设备、作业环境、操作行为等开展系统分析，制定预防措施、落实自我保护、实行自我控制。这种以自主管安全的形式，有利于让每个群体成员既当操作者又当安全管理者，从而促进安全管理与生活活动同步运行。总之，开展"三不伤害"活动，一有明显的自主性，二有普遍性，三有严谨的科学性，在班组安全建设中应当大力开展、大力提倡。

二、发挥家庭作用，为亲人提供安全保障

良好的家庭教育，可以促进青年职工的安全生产；相反，不良的家庭影响，是青年违章作业的诱发因素之一。家庭是子女的常设课堂，家长是子女的常任老师。良好的家庭教育对青年工人的安全生产有着重要的现实意义。

(1) 要培养良好的家规、家风。

在家庭的生活中，家长要以模范行动、和谐入情的语言、宽厚的待人接物态度去影响和教育自己的子女，处处以自己的正确言行去要求子女，提出较严格的家庭规范，培养廉洁、公正、和谐、严谨的家风。特别是在子女发生"三违"行为时，要耐心进行说服教育，不要动辄训斥，也不要过于溺爱、到处说情，更不要不管不教、放任自由。

(2) 创造和谐的家庭气氛。

家庭的气氛对子女的心理和行为有着较大影响。在热烈的气氛中，忧郁的人能受到感染，会忘掉心头烦恼，重新振作；在悲伤的气氛中，人会感到沉重；吵吵闹闹的气氛可使人急躁；宁静的气氛可使人持重；无所追求的气氛可使人颓废；发奋图强的气氛可催人奋进。所以，要收到良好的家教效应，创造出和谐的家庭气氛是必备的条件。家庭

气氛一般包括两个方面。一是生活气氛。和睦的家庭气氛要求家庭成员能相互关心、团结友爱，在这样的气氛中生活，一定会感到轻松愉快，工作起来也无后顾之忧。二是学习气氛。这直接影响着家教，生长在一个文化低而又不愿学习的家庭里的青年职工，在安全生产中常常表现为怕动脑子，不学规程、措施，凭感觉办事。

三、发挥安监人员作用，为安全生产保驾护航

（1）加强自身建设，提高安监队伍的思想业务素质。要有一支思想作风正派、技术上精湛、业务素质高的安监队伍。

（2）坚持巡回检查，在检查中要处处查到位，不留死角，要定质量等级，定隐患问题，定整改日期，定负责人，要对照一系列安全文件、指示等规定，对照“三大规程”，保证各项规章制度和上级有关安全指示的落实。

（3）以严治矿，狠反“三违”。违章指挥、违章作业、违反劳动纪律是安全生产的大敌。在安全监督检查中，要始终把“三违”作为重要任务来抓，从严治矿。要把抓“三违”的重点放在抓干部的“三违”上。还要树立起检查人员的权威，使他们有职有权。

（4）在坚持安监制度的基础上，对违章人员及时指导。对于制止“三违”现象，一些单位想了许多办法，并将其归纳为下述的“过六关”：一是过登记检讨关。被抓住的“三违”人员，要到安监部门进行登记，并自我检查，这些要进入个人的安全档案。二是过井口喊话关。“三违”人员必须在上下井时间，到井口向职工喊话，一方面是自我悔悟，另一方面对井下职工也是一次很好的教育。三是过进学习班关。凡是“三违”人员，必须进“三违”人员学习班，至少学习一星期，只发生活费、不发奖金，学习完规定的内容后，经考试合格者方可出学习班。否则，还要参加第二轮学习，直到合格为止。四是过交纳“三违”抵押金关。凡是“三违”人员，必须向财务部门交纳一定数额的押金，如果 3 个月内不再违章，如数退还本人；如果再发现违章行为，抵押金就充作矿安全生产基金。五是过请保人作保关。“三违”人员经过以上四道关以后，必须在本单位找一个保人。“三违”人员要向保人作出保证，并签订契约；

保人要向安监部门作保，找不到保人的不能上岗工作。六是过亲情关。通过家人谈安全、谈认识，共同保证不再发生“三违”。经过这六关，对“三违”人员从政治上、经济上、群体上增加心理压力，使其在头脑里留下深刻的印象，这种印迹所保持的时间，短则几个月，长则几年甚至若干年。